高职高专土建类系列教材
——建筑装饰工程技术专业

U0158368

建筑装饰设计基础

（第2版）

主　编　罗　平

副主编　罗　凡　彭　璐　汪伟亮

参　编（以姓氏笔画为序）

　　　　王　杨　王　莹　张淑娥　邹海鹰

主　审　朱向军

机械工业出版社

本书是按照高职高专建筑装饰工程技术专业和相关专业的教学基本要求编写的。全书共分 10 章，内容包括：建筑装饰设计概论、建筑装饰发展史简介、装饰设计的符号与主题风格、装饰设计与形态构成、装饰设计方法入门、室内空间设计、室内环境评价、建筑外装饰设计、建筑装饰设计与表达以及设计指导书、任务书范本。

本书可作为高职高专、成人、远程高等教育建筑装饰工程技术类专业的教学用书，也可作为高等教育建筑学专业、环境艺术专业的教学参考用书和建筑装饰行业设计、施工的技术、管理人员的继续教育、岗位培训的教材和实用参考书。

图书在版编目（CIP）数据

建筑装饰设计基础/罗平主编 . —2 版 . —北京：机械工业出版社，2018.3
（2024.9 重印）

高职高专土建类系列教材 . 建筑装饰工程技术专业

ISBN 978-7-111-58743-9

Ⅰ . ①建… Ⅱ . ①罗… Ⅲ . ①建筑装饰—建筑设计—高等职业教育—教材
Ⅳ . ①TU238

中国版本图书馆 CIP 数据核字（2017）第 312124 号

机械工业出版社（北京市百万庄大街 22 号　邮政编码 100037）
策划编辑：张荣荣　责任编辑：张荣荣　李宣敏
责任校对：王　欣　封面设计：张　静
责任印制：常天培
北京铭成印刷有限公司印刷
2024 年 9 月第 2 版第 6 次印刷
184mm×260mm · 12.25 印张 · 301 千字
标准书号：ISBN 978-7-111-58743-9
定价：66.00 元

电话服务　　　　　　　　　　网络服务
客服电话：010-88361066　　　机 工 官 网：www.cmpbook.com
　　　　　010-88379833　　　机 工 官 博：weibo.com/cmp1952
　　　　　010-68326294　　　金 书 网：www.golden-book.com
封底无防伪标均为盗版　　　　机工教育服务网：www.cmpedu.com

F 前言
Foreword

　　"建筑装饰设计基础"是建筑装饰专业、室内设计专业的一门专业基础课程。本教材依据建筑装饰设计初步学习必须了解的基础知识和必须掌握的基本技能，结合近年来各类院校建筑装饰专业、室内设计专业的教学特点，学生的知识结构和艺术修养状况有针对性地编写的。通过对建筑装饰设计基本知识的学习，学生提高了对该专业的学习兴趣，了解专业的学习体系、发展历程和设计对象的基本特点；初步了解建筑装饰设计、室内设计的基本表现方法和设计方法，使学生具备该专业学习所必需的基本素养和技能。

　　本教材力求体现高等职业教育以培养高等技术应用型专门人才为根本任务的办学宗旨，强调理论知识够用为度，在编写过程中注意加强基本理论知识、技能和能力的训练，贯彻"少而精"的原则。作为专业基础教材，我们力求做到概念准确、简洁、通俗、重点突出，并以图文结合的方式，增强学生对概念的了解。

　　本教材在编写过程中，得到湖南城建职业技术学院、辽宁建筑职业技术学院和机械工业出版社建筑分社的大力支持，在此表示衷心的感谢。

　　本教材由湖南城建职业技术学院罗平任主编，湖南城建职业技术学院建筑系罗凡、彭璐，哈尔滨华德学院汪伟亮任副主编。编写人员具体分工如下：罗平、彭璐、汪伟亮编写第1章、第5章、第7章～第10章，湖南城建职业技术学院张淑娥、王扬编写第2章、第3章，罗凡编写第4章，辽宁建筑职业技术学院王莹编写第6章，本书由湖南城建职业技术学院朱向军主审。由于作者实践和理论水平有限，书中疏漏在所难免，恳切希望广大读者给予批评指正。

作　者

C目录
Contents

第1章
建筑装饰设计概论

≫ 学习目标：

1. 对装饰设计体系有初步认识，逐步形成正确的设计观。
2. 初步了解建筑装饰设计的基本概念。
3. 了解掌握建筑装饰设计的内容、特点以及设计依据。
4. 了解装饰设计师应具有的知识素养和技能要求。
5. 初步认识装饰设计与人体尺度的关系。
6. 理解建筑装饰设计与相关学科的关系；了解建筑装饰设计的学习方法。

➜ 学习重点：

1. 建筑装饰设计的基本概念。
2. 建筑装饰设计的内容、特点以及设计依据。
3. 了解建筑装饰设计对设计师的要求，掌握建筑装饰设计这门课程的学习方法。

📖 学习建议：

从了解建筑装饰的基本概念开始，认识和掌握装饰设计的内容和基本特点，从而理解建筑装饰设计与相关学科的关系，明确该行业对设计师的要求，树立学习的目标。可以将一些图片、案例的赏析与本章内容结合起来进行学习，加深理解，激发专业学习的兴趣。

1.1 建筑装饰设计的含义

1. 设计的概念

在人类生活中，设计无处不在。设计是连接精神文明与物质文明的桥梁。对于设计的理解，随着时空的发展而发展。但总体表现为：意匠、计划、草图等。因此，设计是人为的思考过程，是以满足人的需求为最终目标。作为现代的设计概念来讲，设计更是综合社会的、经济的、技术的、心理的、生理的、人类学的、艺术的各种形态的特殊的美学活动。

设计是人的思考过程，是一种构想、计划并通过技术手段实施，以最终满足人类的需求为目标。设计为人服务，在满足人的生活需求的同时又规定并改变人的活动行为和生活方式，引领人们的生活和社会不断向前发展。

2. 建筑装饰设计的概念

建筑装饰设计与建筑设计有着密不可分的关系，它们好比一棵大树的枝干和树叶，是一个共生体，建筑装饰设计必须依附于建筑主体，建筑也因有了建筑装饰设计而具有生命。因为建筑本身是为满足人类社会生活需要而建造的，且各类建筑还应满足人不同的艺术审美要求，因而建筑就成为一种集技术和艺术于一身的综合体，我们必须通过合理的建筑设计，精确的结构计算，严密的构造方式，再配合建筑电气、给水排水、暖通、空调等才能达到现代建筑的基本要求。但是如果我们仅考虑这些要求是远远不够的，这样造出来的建筑只是一件"毛坯"，人们还是无法使用它。所以还需要用各种建筑装饰手段对"建筑毛坯"进行"包装"，以满足人们的审美和使用要求。

建筑装饰设计是一种人类创造自己生存环境和提高环境质量的活动。建筑装饰设计作为一门新兴的学科，真正兴起还只是近几十年的事，原来建筑装饰设计的工作是由建筑设计师在建筑设计中一起完成的。由于时代的发展、人们需求的提高、新材料和新技术的迅速发展和工程量的不断扩大，使得与人类关系最为密切的建筑装饰设计从建筑设计的工作范畴中分离出来，形成独立新兴的学科。

建筑装饰设计是根据建筑物的使用性质、所处环境和相应标准，运用现代物质技术手段和建筑美学原理，创造出功能合理、舒适美观、精神与物质并重的建筑环境而采取的理性创造活动。其中，明确地将"创造满足人们物质和精神生活需要的空间环境"作为设计的目的，这正体现出建筑装饰设计是以人为中心，一切为了给人创造出美好的生活和生产活动的建筑空间环境。建筑装饰设计是将科学、艺术和生活结合而成的一个完美整体的创造活动。

从广义上讲，建筑装饰设计是一门大众参与最为广泛的艺术活动，是设计内涵集中体现的地方。建筑装饰设计是人类创造更好的生存和生活环境条件的重要活动，它通过运用现代的设计原理进行"适用、美观"的设计，使空间更加符合人们的生理和心理的需求，同时也促进了社会中审美意识的普遍提高，从而不仅对社会的物质文明建设有着重要的促进作用，而且对精神文明建设也有了潜移默化的积极作用。

一般认为，建筑装饰设计具有以下三点作用和意义：

（1）提高建筑空间的艺术性，满足人们的审美需求。强化建筑及建筑空间的性格、意境和气氛，使不同类型的建筑及建筑空间更具性格特征、情感及艺术感染力，提高建筑室内、外空间造型的艺术性，满足人们的审美需求。

建筑外装饰设计不仅关系城市的形象、城市的经济发展，还与城市的精神文明建设密不可分。强化建筑及建筑空间的性格、意境和气氛，使不同类型的建筑及建筑外部空间更具性格特征、情感及艺术感染力，以此来满足不同人群室外活动的需要。

（2）保护建筑主体结构的牢固性，延长建筑的使用寿命；弥补建筑空间的缺陷与不足，加强建筑的空间序列效果；增强构筑物、景观的物理性能，以及辅助设施的使用效果，提高建筑室内空间的综合使用性能。

（3）建筑装饰设计是以人为中心的设计，它展现出"建筑—人—空间"三者之间协调与制约的关系。建筑装饰设计就是要展现建筑的艺术风格、形成限制性空间的强弱；表达使用者的个人特征、需要及所具有的社会属性；环境空间的色彩、造型、肌理等三者之间的关系按照设计者的思想，重新加以组合，以满足使用者"舒适、美观、安全、实用"的需求。

总之，建筑装饰设计是对室内外空间进行艺术的、综合的、统一的设计，提升整体空间环境的形象，满足人们的生理及心理需求，更好地为人类的生活、生产服务并创造出新的、现代的生活理念。

1.2　建筑装饰设计的内容与分类

建筑装饰设计可分为建筑外部环境装饰设计和内部环境装饰设计两大部分。其中，建筑内部环境装饰设计简称室内装饰设计，建筑外部环境装饰设计又属于环境景观专业设计的范畴。

1.2.1　室内装饰设计

有些建筑的室内设计工作由建筑师随同建筑设计一同完成，但大部分室内设计项目还是由室内装饰设计师来承担的，设计师根据建筑物的使用性质、所处环境和相应标准，运用现代设计方法和手段，将实用功能与审美功能高度结合，创造能够满足人们物质生活和精神需要的室内环境。

建筑室内环境可分为三大类：人居室内环境、公共建筑室内环境、工业建筑室内环境。无论哪一种类型的室内环境一般都包含：室内空间环境，室内视觉环境，室内光环境，室内声环境，室内热环境，室内空气环境，综合的室内心理环境等。所以室内装饰设计包含的内容归纳起来，可分为以下五个方面：

1. 室内空间设计

室内空间的组织设计体现在室内平面布置。进行室内空间组织设计，首先需要了解建筑的设计意图、总体布局、功能分析、结构体系等，在室内设计时对室内空间和平面布置予以完善、调整或者再创造。在当前对各类建筑的更新改建任务中，很多的建筑物在建筑功能发展或变换时，也需要对室内空间进行改造或重构。

2. 室内界面的设计

室内界面的处理，是指对室内空间的各个围合面——顶棚、地面、墙面、隔断等各种界面的使用功能、特点进行分析设计；对界面的形状、图案、材质、色彩、肌理构成的设计以及界面和结构构件的连接构造、水电、暖通等管线设施的协调配合方面的设计。

3. 室内物理环境设计

物理环境设计也是室内设计的一个重要部分。一般来说，室内物理环境有一个比较确定的技术标准和指数，室内物理环境设计就是要从各方面达到这些标准，室内环境具体构成内容中还包括水、电等配套设备、设施等。

4. 室内陈设设计

室内陈设设计又称室内软装设计，指对室内家具、装饰织物、艺术品、照明灯具等方面的设计。室内陈设设计是在完成室内基本功能的基础上进一步提高环境质量和品质的深化工作。室内陈设除了本身的使用功效外，在室内环境中和其他元素一起构成和组织空间，装饰与烘托整体环境、表达设计主题。在西方某些国家，以及我国的某些大都市甚至还出现了专门的软装设计师。在配置陈设物品时应注意以下几方面：室内空间的功能要求；室内的空间构图要求；室内设计风格与意蕴的要求；陈设物之间的协调要求等。

5. 室内绿化与水体

室内环境中常设置有小型绿化与水体。放置盆栽物如花卉、盆景和插花，尤其是插花，是目前较为流行的台面绿化装饰，有很强的艺术韵味。室内布置小型水体，或模拟海底布景，或饲养水生物，有很强的趣味性，丰富、活跃了室内景观，也是现代室内装饰设计的一个很重要的组成部分。

值得注意的是，我们将室内装饰设计的内容分为几个部分的目的，是便于初学者对室内装饰设计有个比较完整的认识。在实践中，设计的各个部分不是分割和孤立的，不能采用分别完成后相加的方式进行。局部的设计不能离开整体，这是设计工作至关重要的方法。

1.2.2 建筑外环境装饰设计

内外环境的区分通常是依据建筑物进行的，建筑外环境装饰设计在实践中是指建筑的外立面、店面招牌，或建筑与建筑之间的环境景观等（图1-1）。

图1-1 建筑外环境装饰设计

1.3 建筑装饰设计的特点与设计依据

1.3.1 建筑装饰设计的特点

建筑装饰设计作为一门专门的学科，尽管与其他学科，如建筑学等有着或这或那的相近之处，但是作为一门独立的学科，它有自身的特点、规律、研究范围和对象。关于建筑装饰设计的特点大致可以从如下几个方面进行归纳。

1. 多功能综合需求

建筑装饰设计除了考虑实用因素外，更多的功能要求是多方面的。首先是使用的要求，如室内空间的大小、形状和形式都与具体的使用相关；声音、光照、热能、空气是满足使用的基本条件。不同性质的活动和行为必然产生相应的功能要求，从而需要不同空间形式、物理条件的环境。设计要满足各种不同的功能要求，而特定的环境对功能需求程度又不尽相同，有些强调使用功能，有些偏重精神功能。在设计中，使用功能与精神功能是既矛盾又统一的关系。因此，协调、平衡各功能之间的关系是建筑装饰设计的重要内容。

2. 多学科相互交叉

建筑装饰设计是一门综合性学科，它是功能、艺术、技术的统一体，是自然、社会、人文、艺术多学科的融合。除了涉及建筑学、景观环境学、人体工程学之外，它还涉及建筑结构学、工程技术学、经济学、社会学、文化学、行为心理学等众多学科内容。另外，建筑装饰本身所具有的类型也是多种多样的，有居住、商业、办公、学校、体育、表演、展览、纪念、交通建筑等。建筑装饰艺术的多学科不是部分与部分相加的简单组合关系，而是一个物体对象上的多方面的反映和表现，是一种交叉与融合的关系。建筑装饰设计的多学科特征表明，一个设计师应该具备多方面的知识和能力，才能适应设计工作的要求。

3. 多要素相互制约

建筑装饰设计的实现需要各要素的支撑，如使用功能、经济水平、科学技术、艺术审美等，每一个要素又会提出具体的要求，指定一个范围，对设计进行某种制约。譬如设计项目的实现必然是需要经济来支撑的，所以项目的经济投入对设计形成了很大的制约性。设计是在一定投资范围内进行的，经济的原则是花最少的钱达到最好的效果。所以，所有的设计都必须充分考虑经济承受能力。同样建筑装饰设计最终要靠施工技术来完成，技术上不能实现的设计就成了空中楼阁。譬如，著名的悉尼歌剧院最初的设计就受到了许多人的批评和反对，因为这个设计没有很好地考虑结构与技术上的问题，在经过多年的努力后，终于找出了解决问题的办法，但也因此这个项目拖延了许多年，并且花了超出预算好几倍的金钱才使设计最终完成。艺术和文化同样也对设计形成一定的制约，艺术和文化的观念、思潮、风格等会影响环境艺术设计的表现，艺术与文化水平的高低从某种程度上决定环境艺术设计最终的质量。

1.3.2　建筑装饰设计的设计依据

建筑装饰设计的出发点和最终目的都是以人文本，创造满足人们生活、休闲、工作活动的需要的理想环境。一经确定的空间环境，同样也能启发、引导甚至在一定程度上改变人们的生活方式和行为模式。因此我们必须了解建筑装饰设计的依据，总的来说可以归纳为以下几点：

1. 人体尺度以及人的行为活动所需要的空间范围

做设计首先要掌握人体的尺度和动作域所需的尺寸和空间范围，我们确定室内的诸如门扇的高度、宽度，家具的尺度，过道的宽度等都要以此为依据。其次，做设计要考虑到人们在不同性质的空间内人的心理感受，顾及满足人们心理感受需求的最佳空间范围。从上述的依据因素，可以归纳为：

（1）静态尺度：即人体的基本尺度。

（2）动态活动范围：包括人体的动作域尺度和在人空间环境中的行为与活动范围。

（3）心理需求范围：如人际距离、领域性等。

2. 设备、设施的尺寸以及其使用所需的空间范围

在室内装饰设计中，家具、灯具、设备（指设置于室内的空调器、热水器、散热器和排风机等）等的空间尺寸是组织和分隔室内空间的依据条件。同时这些设备、设施和建筑接口除应满足室内使用合理外还要考虑造型美观的要求，这也是室内装饰设计的依据之一。

3. 结构、构件及设施管线等的尺寸和制约条件

建筑空间结构构成、构件及设施管线等的尺寸和制约条件，这项设计依据包含建筑结构体系柱网开间、楼板厚度、梁底标高和风管断面尺寸等，在室内装饰设计中所有这些都应该统一考虑。

4. 建筑装饰构造与施工技术

要想使设计变成现实，就必须通过一定的物质技术手段来完成。如必须采用可供选用的建筑装饰材料，并考虑订货周期等问题，对各界面的材料（在可供选择的范围内）应采用可靠的装饰构造以及现实可行的施工工艺。这些依据条件必须在设计开始时就考虑，以保证设计的实施。

5. 投资限额、建设标准和施工期限

通常经济和时间因素，是现代设计和工程施工需要考虑的重要前提。订货周期等时间因素的限制直接影响到工程的造价。而甲方提出的单方造价、投资限额与建设标准也是建筑装饰设计的必要依据因素。另外，不同的工期要求，也会导致不同的安装工艺和界面处理手法。

6. 通常的规范、各地定额等也都是建筑装饰设计的依据文件

此外，原有建筑物的建筑总体布局和建筑设计总体构思也可以是建筑装饰设计的重要依据。

1.4 装饰设计师应具有的知识素养和技能要求

1.4.1 装饰设计师的定义

建筑装饰设计作为一门职业在我国的历史并不很长，随着大规模的住宅建设和其他建筑的出现，建筑设计与建筑装饰设计才开始有明确的分工，国家也开始对装饰设计的职业进行明确的规范和界定，规范装饰市场，保障行业健康发展。装饰设计师的职业标准的制定、从业资格的鉴定及职业资格的注册管理等也是随着这一职业的社会需求增长而出现，并不断发展、完善。

国际上的在我国开展装饰设计师认证的机构也有几个，国际认证中："国际注册室内设计师协会"简称 IRIDA，是经英国政府批准，按英国登记条例注册的装饰设计行业的国际性行业组织。IRIDA 是国际装饰设计师专业学术团体，协会吸纳的大多都是国际知名设计师，其认证在国际上地位也相应比较高。ICDA 是"国际建筑装饰室内设计师协会"的简称，也是"国际建筑联合会装饰分会"，协会总部设在美国纽约，ICDA 是由来自世界各地的从业建筑装饰、设计、施工等专业人员和科研、教育、工程信息、材料生产等单位和企业组成的。ICDA 的学生数量正在迅速增长，现已在北京、上海、深圳、广州、济南等多个城市设立了培训中心。ICDA 作为一个专业的国际性建筑装饰室内设计组织对于推动中国内地建筑装饰行业向国际化、现代化的方向发展做出了一定的贡献。室内装饰设计人员是指运用物质技术和艺术手段，对建筑物及飞机、车、船等内部空间进行室内环境设计的专业人员。

1.4.2　装饰设计师的知识素养

建筑装饰设计的工作性质决定了设计师职业素质的基本内容，相应地也对装饰设计师应具有的知识和素养提出要求，归纳起来有以下六个方面：

(1) 作为合格的设计师首先应当具备相应的艺术修养和艺术表达能力。设计师的绘画基本功主要是以辅助设计，表现设计意图为基本目的。当然，作为一种职业修养，绘画能力的提高除了对设计业务有直接帮助之外，也能通过绘画实践间接地加强自身的艺术修养。

(2) 建筑单体设计和环境总体设计的基本知识，具有对总体环境艺术和建筑艺术的理解；建筑装饰设计作品需注意与建筑设计本身的联系，要求设计者有良好的形象思维和形象表现能力，有良好的空间意识和尺度概念。

(3) 具有建筑材料、装饰材料、建筑结构与构造、施工技术等建筑技术方面的必要知识；了解建筑结构知识，掌握建筑力学知识，熟悉结构和构造技术。在实际工作中，作为装饰设计师接触得较多的是建筑构造和细部装修构造等问题。更需要不断探索如何使用传统材料，迅速发现并熟练地运用新型材料。

(4) 具有对声、光、热等建筑物理，水、电、暖通等建筑设备的必要知识。在有较高视听要求的内部空间，对室内混响时间的控制，对合理声学曲线的选择等技术问题的处理，会直接影响设计质量。在一些私密性要求较高的生活、工作环境内，设计师必须要关心的是隔声问题。对室内光环境质量的设计既包含需要解决的功能问题，又直接与室内的色彩、气氛密切相关。因此，设计师们的能力不能只限于光源、照度和照明方式等一般的技术问题上，而且要对光环境和光造型具有敏锐的感受能力。

(5) 对历史传统、人文民俗、乡土风情等有一定的了解；对一些相关学科，如建筑学、城市景观学、人体工程学、环境心理学等具有必要的知识和了解。

(6) 熟悉有关建筑和室内设计的规章和法规。

1.4.3　装饰设计师的艺术修养

装饰设计师往往遵循从造型艺术的角度来研究抽象的空间形式美的原则，在其他诸如绘画、雕塑、文学等艺术门类中吸取营养；从材料、构造以及所产生的视觉效应各方面来综合地研究与建筑装饰设计有关的形式语言。空间的艺术仅从平面装饰的观念出发显然是有局限性的。掌握必要的装饰手段是设计师完整地塑造室内空间所必要的专业艺术素质之一。

设计师的专业艺术创作还会遭遇公众审美趣味和时尚潮流等问题。由于历史条件、所受教育、种族和地位的不同，个体在审美趣味上存在差异。在很多情况下，尤其是公共空间的室内设计中，这种趣味的差异常常会使设计师在众说纷纭之下莫衷一是。从客观上来说，人人都满意的设计是不存在的。所以，作为职业的建筑装饰设计师必须善于把握趣味问题上的主流性倾向，较客观地来研究。任何一种健康的审美趣味都是建立在较完整的文化结构之上的。因此文化历史、行为科学的知识、市场经济状况的调查与研究等，就成为每个室内装饰设计师的必修课了。

与设计师艺术修养密切相关的还有一个大问题：设计师自身的综合艺术观的形成。艺术是相通的，新的造型媒介和艺术手段使传统的艺术种类相互渗透。建筑装饰专业又使各门艺术在一个共享的空间中同时向公众展现自己。建筑装饰设计师不能是其他艺术门类的外行，要努力学习其他艺术的造型语言，以便创造共同和谐的空间氛围，设计出有综合性艺术风格的空间艺术作品。

建筑装饰设计艺术的特点，以及装饰设计与其他艺术门类之间相互联系的艺术特征决定了室内装饰设计师的专业素养的全部内容。设计师要经过相当长的学习和不断的实践，才能不断完善，成为一名合格的室内装饰设计师。

1.5 建筑装饰设计与相关学科的关系

建筑装饰设计是多学科交叉的系统艺术。与其相关的学科有建筑学、艺术学、人体工程学、环境心理学（环境行为学）、美学、符号学、文化学、社会学、地理学、物理学等众多学科领域。当然，在环境艺术这一范畴内，这些学科知识不是简单地机械综合，而是构成一种互补和有机结合的系统关系。

1.5.1 建筑装饰设计与建筑设计

建筑装饰设计是建筑设计的有机组成部分，两者的关系为：建筑设计是建筑装饰设计的依据和基础，建筑装饰设计是建筑设计的继续和深化。从总体上看，建筑装饰设计与建筑设计的概念，在本质上是一致的，是相辅相成的。如果说它们之间有区别的话，那就是建筑设计是设计建筑物的总体和综合关系，而建筑装饰设计则是设计建筑内、外部空间的装饰设计。

不过，建筑装饰设计与建筑设计的这种总体和具体关系，并非意味着装饰设计只能消极和被动地适应建筑设计意图。装饰设计完全可以通过巧妙的构思和丰富多彩的高超设计技巧去创造理想的室内空间环境，甚至在室内设计中，利用特殊手段改变原有建筑设计中的缺陷和不足。因此，在建筑设计项目中（老建筑的功能发生改变除外）我们提倡建筑师最好在建筑设计伊始就同室内设计师一起合作，共同探讨建筑和室内设计方案。

1.5.2 建筑装饰设计与人体工程学

人体工程学（Human Engineering），也称工效学（Ergonomics）。人体工程学的概念原意就是讲工作和规律，Ergonomics 一词来源于希腊文，其中 Ergos 是工作、劳动，nomes 是规律、效果。

人体工程学是一门新兴的技术学科，起源于欧美。早期的人体工程学主要研究人和工程机械的关系。其内容有人体结构尺寸和功能尺寸、操纵装置、控制盘的视觉显示，涉及生理学、人体解剖学和人体测量学等。在第二次世界大战期间，人体工程学方面的研究已开始运用到军事科学技术，比如在坦克、飞机的内舱设计中，如何使人在舱内有效地操作和战斗，并尽可能在小空间中减少疲劳等。第二次世界大战以后，各国把人体工程学的实践和研究成果广泛运用于许多领域，从研究人机关系发展到研究人和环境的相互作用，即人与环境的关系，这又涉及心理学、环境心理学等。

人体工程学对于建筑设计、环境艺术设计、建筑装饰设计的影响非常深远，它对提高人为的环境质量，有效地利用空间，如何使人对物（家具、设备等）获得操作简便，使用合理等方面起着不可替代的作用。人体工程学运用人体计测、生理、心理计测等手段和方法，研究人体的结构功能尺寸、心理、力学等方面与室内环境之间的合理协调关系，以适合人的身心活动要求，取得最佳使用效能，从而达到安全、健康、高效和舒适的目标（图1-2、图1-3）。

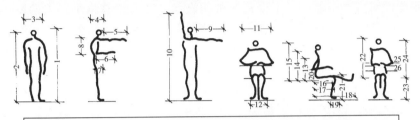

1-1678/1567	2-1559/1458	3-446/418	4-300	5-743/686	6-465/427
7-135/143	8-327/302	9-723/661	10-2138/1981	11-680/640	12-344/388
13-435/426	14-586/560	15-900/890	16-478/472	17-590/568	18-1042/989
19-260/287	20-232/295	21-506/467	22-887/841	23-422/370	24-769/725
25-680/640	26-344/388				

图 1-2　国外某地区男女人体各部分尺度以及活动范围

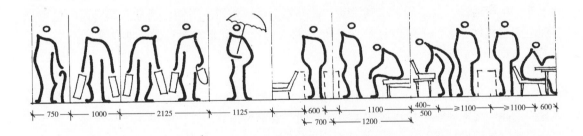

图 1-3　由人体尺度决定的室内通道最小宽度

人体工程学研究内容及其对于设计学科的作用可以概括为以下几方面：

（1）确定人在室内活动所需空间的主要依据。

（2）确定家具、设施的形体、尺度及其使用范围的主要依据。

（3）提供适应人体的室内物理环境的最佳参数。室内设计时有了上述要求的科学的参数后，在设计时就有可能有正确的决策。

（4）对视觉要素的计测为室内视觉环境设计提供科学依据。人眼的视力、视野、光觉、色觉是视觉的要素，人体工程学通过计测得到的数据，对室内光照设计、室内色彩设计、视觉最佳区域等提供了科学的依据。

1.5.3 建筑装饰设计与环境心理学

环境心理学是一门新兴的综合性学科，是研究环境与人的行为之间相互关系的学科。从行为的角度，探讨人与环境的最优化，即怎样的环境是最符合人们心愿的。这里所说的环境虽然也包括社会环境，但主要是指物理环境，包括噪声、拥挤、空气质量、温度、建筑设计、个人空间等。环境心理学与多门学科，如医学、心理学、环境保护学、社会学、人体工程学、人类学、生态学以及城市规划学、建筑学、室内环境学等学科关系密切。

环境心理学非常重视生活于人工环境中人们的心理取向，把选择环境与创建环境相结合，着重研究环境和行为的关系、环境的认知和空间的利用、感知和评价环境等。

关于环境心理学与室内设计的关系，《环境心理学》（作者相马一郎等）一书中译文前言中的话很能说明一些问题："不少建筑师很自信，以为建筑将决定人的行为"，但他们"往往忽视人工环境会给人们带来什么样的损害，也很少考虑到什么样的环境适合于人类的生存与活动"。以往的心理学"其注意力仅仅放在解释人类的行为上，对于环境与人类的关系未加重视。环境心理学则是以心理学的方法对环境进行探讨"，即是在人与环境之间是"以人为本"，从人的心理特征来考虑研究问题，从而使我们对人与环境的关系、对怎样创造室内人工环境，都应具有新的、更为深刻的认识。

人在室内环境中，其心理与行为尽管有个体之间的差异，但从总体上分析仍然具有共性，仍然具有以相同或类似的方式做出反应的特点，这也正是我们进行设计的基础。

下面我们列举几项室内环境中人们的心理与行为方面的情况：

1. 领域性与人际距离

领域性原是动物在环境中为取得食物、繁衍生息等的一种适应生存的行为方式。人与动物毕竟在语言表达、理性思考、意志决策与社会性等方面有本质的区别，但人在室内环境中的生活、生产活动，也总是力求其活动不被外界干扰或妨碍。不同的活动有其必需的生理和心理范围与领域，人们不希望轻易地被外来的人与物（指非本人意愿、非从事活动必须参与的人与物）所打破。

2. 私密性与尽端趋向

如果说领域性主要在于空间范围，则私密性更涉及在相应空间范围内，包括视线、声音等方面的隔绝要求。私密性在居住类室内空间中要求更为突出，一般的主卧房都会设置在居室的私密性较强的位置。

日常生活中人们还会非常明显地观察到，在一个餐厅里，就餐人对餐厅中餐桌座位的挑选，相对地人们最不愿选择近门处及人流频繁通过处的座位。餐厅中靠墙卡座的设置，由于在室内空间中形成更多的"尽端"，空间相对有所属感，也就更符合散客就餐时"尽端趋向"的心理要求。

3. 依托的安全感

人在空间中占据的位置，从心理感受来说，并不是越开阔、越宽广越好，人们通常在大型室内空间中更愿意有所"依托"。人偏爱具有庇护性又具有开敞视野的地方。这些地方提供了进行观察、选择时机做出反应、如有必要可进行防卫的有利位置，从而从心理上产生一种安全感。例如在茶、餐厅设计中设计一般会将桌椅布置成若干区域，恰当地运用低矮隔断等创造空间。

4. 从众与趋光心理

从一些公共场所（商场、车站等）内发生的非常事故中观察到，紧急情况时人们往往会盲目跟从人群中领头几个急速跑动的人的去向，不管其去向是否是安全疏散口。当火警或烟雾开始弥漫时，人们无心注视标志及文字的内容，甚至对此缺乏信赖，往往是更为直觉地跟着领头的几个人跑动，以致成为整个人群的流向。上述情况即属从众心理。同时，人流在室内空间中，具有从暗处往较明亮处流动的趋向，紧急情况时语言的引导会优于文字的引导。上述心理和行为现象提示设计者在创造公共场所室内环境时，首先应注意空间与照明等的导向，标志与文字的引导固然也很重要，但从紧急情况时的心理与行为来看，对空间、照明、音响等需予以高度重视。

5. 左转弯与抄近路

人的这种习惯是一种人类的无意识行为，人在转弯习惯中多表现出左转弯，所以我们的楼梯设计一般也采用左转弯，对于安全疏散楼梯很有意义。抄近路是人总是选择最便捷的方式达到自己的目的地，当然要排除散步与观景等有其他目的的行为。

运用环境心理学的原理，在室内设计中的应用面极广，例如：从环境心理学角度看，建筑结构和布局不仅影响生活和工作在其中的人，也影响外来访问的人。不同的住房设计引起不同的交往和友谊模式，高层公寓式建筑和四合院布局就会产生不同的人际关系。国外关于居住距离对于邻里模式的影响已有过不少的研究。通常居住近的人交往频率高，容易建立良好的邻里关系。房间内部的安排和布置也影响人们的知觉和行为。家具的安排也影响人际交往。社会心理学家把家具安排区分为两类：一类称为"远社会空间"，一类称为"亲社会空间"。在前者的情况下，家具成行排列，如车站，因为在那里人们不希望进行亲密交往；在后者的情况下，家具成组安排，如家庭，因为在那里人们都希望进行亲密交往。又如：个人空间指个人在与他人交往中自己身体与他人身体保持的距离。1959年，霍尔把人际交往的距离划分为4种：①亲昵距离，0~0.5m，如爱人之间的距离；②个人距离，0.5~1.2m，如朋友之间的距离；③社会距离，1.2~2m，如开会时人们之间的距离；④公众距离，4.5~7.5m，如讲演者和听众之间的距离。人们虽然通常并不明确意识到这一点，但在行为上却往往遵循这些不成文的规则，如破坏这些规则，往往引起反感。

当然，除上述这些方面和内容外，环境心理学研究的课题还包括研究噪声与心理行为的关系，空气污染对人生理、心理的影响等，作为室内设计师也应当有所了解。

1.6　学习建筑装饰设计的方法

建筑装饰设计是技术与艺术综合的学科，从事建筑装饰设计要掌握的知识点主要包括：

（1）工程技术方面：包括建筑构造、建筑装饰构造、建筑物理以及建筑暖通等。

（2）建筑装饰设计理论方面：包括建筑装饰简史、建筑装饰设计原理以及有关的装饰设计艺术理论等。

（3）设计表现技法方面：包括画法几何及阴影透视、计算机制图、设计方案手绘表现等。

（4）建筑装饰设计方面：包括建筑装饰设计基础以及其后由简单到复杂的各种类型的建筑室内外装饰设计。

（5）设计师职业教育方面：包括国家有关法令法规，建筑技术经济与管理等。

从上述内容可以大致看出建筑装饰设计的学习特点，它要求学生既要掌握建筑装饰工程技术知识，要求学生注意提高自己关于建筑装饰设计理论和艺术方面的修养，加强表现技法的训练，将所学的各种知识和技能综合运用于设计中去，不断提高设计能力和理论素养的同时，还应努力学习国家有关的方针政策和法令法规，为使自己成为一个合格的建筑装饰设计师做好充分准备。

从上述内容来看，要求初学者在有限的在校时间掌握如此众多的知识是远不可能的，因此掌握正确的学习方法和路径就显得尤其重要。

学习设计仅从书本到书本是难以学好的，首先应提倡的学习方法是"外师造化"。所谓"外师造化"是指向现实学习，在实践中学习，向传统的建筑装饰设计学习，向国外先进的设计成果学习。从事这类学习主要方法是做好专业笔记，以速写的方式，形象地记录优秀的作品，并记录下自己的心得体会。所以，这对初学者来说就要过好速写关。年长日久自然形成自己所拥有的庞大的资料库。必要时再加以分类、归纳，编成设计资料，一遇到设计课题，便可随时查阅，从他人的经验中得到一定的有益的启发。

"外师造化"的目的在于认识客观世界，开拓自己专业认识的视野；最终落脚点还是为了创造出有个性的作品，以至形成自身独特的设计风格。

建筑装饰设计首先要重视的是功能问题的分析，任何一个空间都要满足使用者提出的各种使用要求，科学地分析功能问题的方法是学习的重点。设计师必须学会用图式的方法来做功能分析，借助各种图形来分析比口头、文字上的探讨更有说服力。

建筑装饰设计的综合性艺术特征对学习者提出向其他类别艺术学习的课题。因为，不了解其他艺术的特点，不了解其材料、制作过程和创作方法，就不可能与其有共同的语言基础，也无法开展合作。更有意义的是，主动地向其他艺术门类学习还能拓宽自己的艺术视野。例如从传统绘画中线描的表现到画面意境的追求，从民间工艺品的制作到现代工业产品的设计等，设计师能学习到多样而有效的表现手法，借此而不断提高自己的造型艺术修养。具备了良好表达能力，有了一定的造型艺术修养，等于有了深入学习装饰设计的基础。

总的来说，建筑装饰设计的学习过程是紧张而又丰富多彩的。资料的积累、设计方法的研究、表现技巧的训练都需要一定的时间和精力。图式的表达则是设计学习的重要方面，将我们所看到的、感悟到的、设想到的一切，都用直观的图形表现出来，是一种良好的职业习惯。学好装饰设计的唯一方法就是拳不离手、曲不离口，从培养一种良好的设计习惯开始。

本 章 小 结

本章从建筑装饰设计的概念、内容特点以及设计依据、设计师的责任和专业素质以及装饰设计的工作等几个方面系统地论述建筑装饰设计的基础理论体系。通过解析建筑装饰设计的基本概念，分析建筑装饰设计与建筑设计、人体工学等相关学科的关系，初步认识建筑装饰设计体系，逐步引导学生了解建筑装饰设计的学习方法，形成正确的设计观。

思考题与习题

1. 建筑装饰设计的基本内容、特点和设计依据是什么？
2. 装饰设计师必备的基本素质主要有哪几个方面？
3. 认识人体尺度与建筑装饰设计的关系？
4. 试分析某室内设计作品中关于环境心理学的运用？

实 践 环 节

1. 如条件允许组织学生参观考察家装公司，了解家装设计的过程。组织设计师与学生互动，介绍设计工作、流程。

2. 学生分组根据老师提供的室内或室外装饰设计的具体实例，结合本章学习的内容，各组讨论对于建筑装饰设计的理解；教师安排学生完成教材第 10 章"初识设计"部分的课程作业。

第 2 章
建筑装饰发展史简介

>> 学习目标：

1. 了解中外建筑装饰的起源与发展。
2. 掌握历史典型的建筑形制和基本特点。
3. 了解每一阶段的相关代表人物及作品。

→ 学习重点：

1. 中外建筑装饰的基本特点。
2. 代表人物、代表作品。

📖 学习建议：

1. 通过文化古迹、历史名城与相关图片去分析和掌握中外建筑的特点及发展演变过程。

2. 可以多看相关书籍，以及《探索·发现》等纪录片，结合本章理论知识加深理解和记忆。

2.1 中国古代建筑装饰特点与基本知识

2.1.1 概述

中国是历史上有名的文明古国之一，在漫长的几千年文明发展进程中，中国古代建筑风格在世界建筑体系中形成了一套具有高度延续性的独特风格体系——木构架建筑体系（图

2-1）。该体系殷商时期初步形成，汉代继续发展，唐代已达到成熟阶段，并影响了日本、韩国等东亚国家。

　　中国位于亚洲东部，幅员辽阔，南北气候差异比较大，由于自然条件不同，除主体木构架体系之外，古代人们又因地制宜，因材致用，运用不同材料，不同做法，创造出不同结构方式和不同艺术风格的其他古代建筑体系，如长江流域的干阑式建筑。

图 2-1　木构架建筑体系

2.1.2　古代建筑的发展演变的过程

中国古代建筑的发展演变过程见表 2-1。

表 2-1　古代建筑的发展演变过程

历史时期	图　例	建筑的发展演变
上古至商周	图 2-2　北京周口店	住居与建筑雏形的形成（中国古建筑的草创阶段）：天然的洞穴（图 2-2）；穴居—木构架、草泥建造半穴居住所（木构架形制出现）—地面建筑—聚落
商代后期至春秋战国	图 2-3　河南偃师二里头早商都邑遗址	历代发展的基础：营建都邑，大量夯土的房屋台基（图 2-3）；排列整齐的卵石柱基和木柱。初步形成传统木构架形式，并成为主要的结构方式
秦汉时期	图 2-4　阿房宫复原图	中国古代建筑发展史上的第一个高潮：开始大规模修建宫殿（图 2-4），结构主体的木构架已趋于成熟，重要建筑物上普遍使用斗拱。其屋顶形式多样化，庑殿、歇山、悬山、攒尖、囤顶均已出现，有的被广泛采用。制砖及砖石结构和拱券结构有了新的发展
魏晋南北朝时期	图 2-5　少林寺	民族大融合时期，传统建筑持续发展和佛教建筑传入：寺庙（图 2-5）、塔、石窟的发展盛行，这就使这一时期的中国建筑融进了许多来自印度、西亚的建筑形制与风格

（续）

历 史 时 期	图 例	建筑的发展演变
隋唐时期	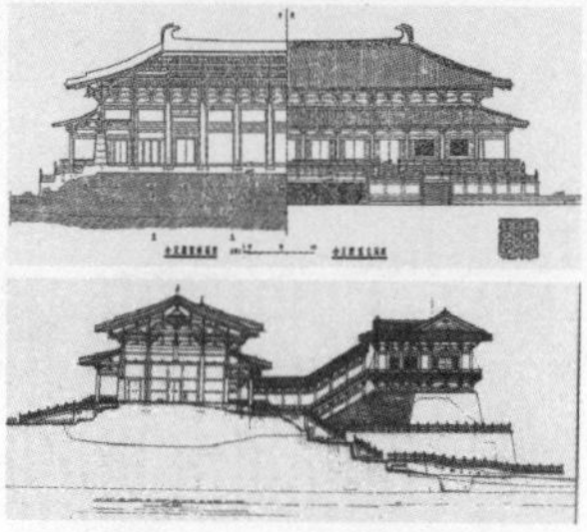 图 2-6 大明宫含元殿	中国古代建筑发展史上的第二个高潮：是中国古代木结构体系的成熟时期，继承前代与融合外来因素，大规模修筑宫殿（图 2-6），兴建了大量寺塔，并继承前代续凿石窟佛寺，城市布局出现变化，建筑技术更有新的发展，木构架已能正确地运用材料性能
五代十国至北宋时期	 图 2-7 《营造法式》	总结了隋唐以来的建筑成就，制定了设计模数和工料定额制度；编著了《营造法式》一书（图 2-7），并由政府颁布实施。建筑设计中已知运用以"材"为木构架设计的标准，朝廷制定了营缮的法令，设置有掌握绳墨、绘制图样和管理营造的官员
辽、金、元时期	 图 2-8 北岳庙德宁殿	基本上保持了唐代的传统，其中河北省保定市北岳庙德宁殿（图 2-8）是各族文化交融的代表作
元、明、清时期	 图 2-9 颐和园	中国古代建筑发展史上的最后一个发展高潮，元大都及宫殿，明代营造南、北两京及宫殿，在建筑布局方面，较之宋代更为成熟、合理。明清时期大肆兴建帝王苑囿（图 2-9）与私家园林，形成中国历史上一个造园高潮

　　明清两代距今最近，许多建筑佳作得以保留至今，如北京的宫殿、坛庙，京郊的园林，两朝的帝陵，江南的园林，遍及全国的佛教寺塔、道教宫观，及民间住居、城垣建筑等，构成了中国古代建筑史的光辉篇章。

2.1.3　古代建筑的特点

1. 从构造的角度

（1）使用木材作为主要建筑材料，创造出独特的木结构形式。

（2）保持构架制原则。以立柱和纵横梁枋组合成各种形式的梁架，使建筑物上部荷载经由梁架、立柱传递至基础。墙壁只起围护、分隔的作用，不承受荷载。

（3）创造斗拱结构形式。用纵横相叠的短木和斗形方木相叠而成的向外挑悬的斗拱（图 2-10），本是立柱和横梁间的过渡构件，逐渐发展成为上下层柱网之间或柱网与屋顶梁架之间的整体构造层。

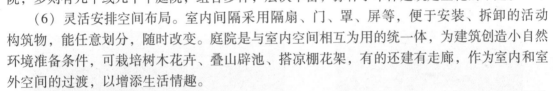

图 2-10　斗拱结构

（4）实行单体建筑标准化。中国古代的宫殿、寺庙、住宅等，往往是由若干单体建筑结合配置成组群。无论单体建筑规模大小，其外观轮廓均由阶基、屋身、屋顶三部分组成。

（5）重视建筑组群平面布局。中国古建筑组群平面布局采取左右对称的原则，房屋在四周，中心为庭院。组合形式均根据中轴线发展。唯有园林的平面布局，采用自由变化的原则。每一个建筑组群少则有一个庭院，多则有几个或几十个庭院，组合多样，层次丰富，弥补了单体建筑定型化的不足。

（6）灵活安排空间布局。室内间隔采用隔扇、门、罩、屏等，便于安装、拆卸的活动构筑物，能任意划分，随时改变。庭院是与室内空间相互为用的统一体，为建筑创造小自然环境准备条件，可栽培树木花卉、叠山辟池、搭凉棚花架，有的还建有走廊，作为室内和室外空间的过渡，以增添生活情趣。

（7）丰富的装饰手段。中国古建筑的装饰多体现在雕刻与彩画上，木结构建筑的梁柱框架，需要在木材表面施加油漆等防腐措施，由此发展成中国特有的建筑油饰、彩画。

2. 从传统文化的角度

（1）儒家传统的礼制思想是指导建筑创作的主要思想，建筑有严格的伦理等级制度，而以玄学、风水堪舆之说作为建筑某些方面的补充。

（2）标准化的建筑个体要通过建筑空间的组合来表达个性，建筑群体的布置是传统建筑艺术的精髓，反映着时间和空间结合的理性思维方式和人与自然的亲和关系。

（3）用象征主义手法表现特定的主题。在园林中表现意境，在宗教建筑中表现世界观，在宫殿建筑中表现政治制度。一些装饰构件与小品，甚至单体建筑，都成为一种包含了固定意义的象征符号。

3. 中国古代建筑按功能分类

（1）居住建筑。居住建筑是人类最早创造的建筑，主要有穴居和干阑两种形式。距今 7400～6700 年前的新石器时代早期遗址，如甘肃秦安县大地湾中的建筑均为半地穴式，即从地面向下挖掘一定深度的竖穴，平面作圆形、椭圆形或方形，面积很小。距今 4900～3900 年前的新石器时代晚期，地面起建的房屋多起来，原始社会的穴居，正逐步朝着宫室式住宅形式演化。宫室式住宅的代表类型是四合院。陕西省岐山县凤雏村早周建筑遗址是所知最早的完整四合院。在北京老城区中轴线东西两侧保留有大量平房，最典型的四合院（图 2-11）多集中在这里。干阑式建筑的最早遗迹发现于浙江余姚河姆渡遗址，距今约 7000～5300 年前。楼面离地大约一人高，其下圈养牲畜，楼面上周围有栏杆，围着平台和房屋。现存干阑式建筑比古代大为减小，集中分布在云南、海南的少数民族地区。

（2）城市公共建筑。城市公共建筑主要包括城墙、城楼与城门，还有钟楼和鼓楼。城墙起源于新石器时代，材料以夯土为主。三国至南北朝出现在夯土城外包砌砖壁的做法。明代，重要城池大多用砖石包砌。城门是重点防御部位。唐代边城中出现瓮城，明代在瓮城上创建箭楼，如北京内城正阳门城楼及箭楼、城东南角楼是明代优秀作品。钟、鼓楼是古代城市中专司报时的公共建筑。宋代有专建高楼安置钟、鼓的记载。明代在北京城中轴线北端建鼓楼和钟楼，其下部是砖砌的墩台，上为木构或砖石的层楼。

（3）宫殿建筑。宫殿专指帝王举行仪式、办理政务与居住之所。宫殿建筑集中了当时国内的财力和物力，以最高的技术水平建造而成。已知最早的宫殿遗址，发现于河南偃师二里头村，它建于公元前1500年前的商代。明清北京故宫（图2-12）是中国宫殿建筑最成熟的典型。城平面为矩形，东西宽753m，南北深961m，墙开四门，建门楼，四隅建角楼。它将各种建筑艺术手法发挥得淋漓尽致，调动一切建筑语言来表达主题思想，取得了难以超越的成就。

图2-11　北京四合院

图2-12　故宫

（4）礼制与祠祀建筑。凡是由"礼制"要求产生，并被纳入官方祀典的，称为礼制建筑；凡是民间的，主要以人为祭祀对象的，称为祠祀建筑。礼制和祠祀建筑大略分为四类：①祭祀天地社稷、日月星辰、名山大川的坛、庙；②从君王到士庶崇奉祖先或宗教祖的庙、祠；③举办行礼乐、宣教化的特殊政教文化仪式的明堂、辟雍；④为统治阶级所推崇、为人民所纪念的名人专庙、专祠。北京天坛是古代坛庙建筑中最重要的遗存，建于明永乐十八年（1420年）。

（5）陵墓建筑。陵墓是专供安葬并祭祀死者而使用的建筑。由地下和地上两大部分组成。地下部分用以安葬死者及其遗物、代用品、殉葬品。地上部分专供生人举行祭祀和安放死者神主之用。大致说，汉代以后，帝王墓葬称陵，臣庶墓称墓。陕西省临潼县秦始皇陵，是中国第一座帝陵。明北京昌平十三陵（图2-13）是一个规划完整、气魄宏大的

图2-13　十三陵墓群

陵墓群。

（6）佛教建筑。它是信徒供奉佛像、佛骨，进行佛事佛学活动并居住的处所，有寺院、塔和石窟三大类型。中国民间建佛寺，始自东汉末。最初的寺院是廊院式布局，其中心建塔，或建佛殿，或塔、殿并建。佛塔按结构材料可分为石塔、砖塔、木塔、铁塔、陶塔等，按结构造型可分为楼阁式塔、密檐塔、单层塔。石窟是在河畔、山崖上开凿的佛寺，起源于印度，约在公元 3 世纪左右传入中国，其形制大致有塔庙窟、佛殿窟、僧房窟和大像窟四大类。中国石窟的重要遗存，有甘肃敦煌莫高窟、山西大同云冈石窟、河南洛阳龙门石窟等。

（7）园林和园林建筑。中国传统园林是具有可行、可望、可游、可居功能的人工与自然相结合的形体环境，其构成的主要元素有山、水、花木和建筑。它是多种艺术的综合体，反映着传统哲学、美学、文学、绘画、建筑、园艺等多门类科学艺术和工程技术的成就。按隶属关系，可分为皇家园林、私家园林、寺观园林和风景名胜四大类。其中现存最具代表性的园林有苏州拙政园、留园，扬州个园，无锡寄畅园，北京颐和园、圆明园，承德避暑山庄等。

中国传统建筑的功能类型，除上述七类外，还有军事建筑、商业建筑以及桥梁等公共交通设施，另外还有坊表等建筑小品。其中长城经历了 2000 余年历史，延衰万里，成为中华民族精神的象征。河北赵县安济桥（赵州桥）建于 7 世纪初的隋代，是世界上第一座敞肩单拱石桥，比西方出现同类结构要早 700 年左右。所有这些，都反映了中国古代建筑的卓越成就。

4. 中国古建筑的建造特色

中国古代建筑的单体，大致可以分为屋基、屋身、屋顶三个部分。这三部分都有自己独特的建造风格，不但结构特别，而且外观精美，对现代建筑具有很高的参考价值。

（1）中国古建筑屋顶的建造特点。中国古建筑的屋顶古称屋盖，其造型独特，是世界上少有的，最常见的形式有庑殿顶、歇山顶、悬山顶、硬山顶、攒尖顶、平顶、单坡顶和卷棚顶等。中国古建筑的屋顶通常大于屋身，有等级制度之分，其中以重檐庑殿顶、重檐歇山顶级别最高，其次为单檐庑殿顶、单檐歇山顶。

中国古建筑的屋顶造型通常受到当地自然环境的影响，反映最明显的是主要用于排水的建筑屋顶形式。有人对歇山式屋顶的形成过程作过一种解释，就是在多雨地区悬山屋顶未能遮全山墙面上的雨水，对土墙不利，便创造出一种悬山梯形屋顶作为改进。但若房屋较大，这种悬山梯形屋顶的结构强度就不够了，因此出现了双层屋顶或称附棚，这正是歇山屋顶的原形。所以这种屋顶形式是与多雨地区的防水需要密切相关的。而在南方多雨地区，许多传统民居的构件形式，如挑檐、腰檐、披檐等都是以防雨水淋湿墙面为基本功能的，因此多雨地区有其特有的构筑形态。另外，各地区降水量的大小还反映在屋顶坡度上。传统民居在当时屋面材料的限制下，如果屋顶没有一定的倾斜度，雨水下降速度慢，难以避免垂直渗透。而选择屋顶坡度的大小，则常常与降水量的大小紧密联系。一般说来，降水量多的地方屋顶坡度大，以利泄水，反之屋顶坡度小，这在大量的民居实例中可得以验证。而在气候特别干旱的地区，屋顶坡度小甚至屋顶全是平的，用作屋顶活动平台或曝晒粮食等。北京地区相对比较干旱，因此普遍使用出檐较浅的硬山顶，屋顶坡度适中。

（2）中国古建筑墙身的建造特色。中国古建筑以木材、砖瓦为主要建筑材料，以木构架为主要结构形式。

　　首先，木构架结构是由立柱、横梁、顺檩等主要构件建造而成的，各个构件之间的结点以榫卯方式环环相扣，构成富有弹性的框架。中国古代木构架有抬梁、穿斗、井干三种不同的结构方式，而这三种结构方式的特点见表2-2。

表 2-2　三种木构架结构方式的特点

木构架的结构方式	图　示	特　点
抬梁式（图2-14）	 清七檩硬山大木作小式构架 1—脊瓜柱　2—脊檩（垫、枋）　3—金檩（垫、枋） 4—老檐檩（垫、枋）　5—檐檩（垫、枋）　6—檐柱 7—老檐柱　8—三架梁　9—五架梁 图 2-14　抬梁式	它是沿着房屋的进深方向在石础上立柱，柱上架梁，再在梁上重叠数层柱和梁，最上层梁上立脊瓜柱，构成一组木构架。在相邻木架间架檩，檩间架椽，构成双坡顶房屋的空间骨架。抬梁式构架在春秋时已有，唐代发展成熟，且使用范围较广，在三者中居于首位
穿斗式（图2-15）	 穿斗式构架示意图 1—瓦　2—竹篾编织物　3—椽　4—檩 5—斗枋　6—穿枋　7—柱 图 2-15　穿斗式	穿斗式是沿着房屋的进深方向立柱，但柱的间距较小，使柱能直接承受檩的重量，不用架空的抬梁，而以数层"穿"贯通各柱，组成构架。这种结构技术大约在公元前2世纪（汉）已相当成熟，流传至今，为中国南方诸省所普遍采用
井干式（图2-16）	 图 2-16　井干式	井干式结构以圆木或矩形、六角形木料平行向上层层叠置，在转角处木料端不交叉咬合，形成房屋四壁，如同古代井上的木围栏，再在左右两侧壁上立矮柱承脊檩构成房屋。井干式结构需用大量木材，结构比较原始简单，现在除少数森林地区外很少使用

　　其次，木构架是屋顶和屋身部分的骨架，它的基本做法就是立柱和横梁组成构架，四根柱子组成一间，一栋房子由几个间组成。柱子之间修筑门窗和围护墙壁，在大型木构架建筑的屋顶与屋身由斗拱作为过渡部分。斗拱的种类很多，形制复杂，在中国古建筑中不仅在结构和装饰方面起着重要的作用，而且在制订建筑各部分和各构件的大小尺寸时，都以它作度量的基本单位。斗拱在我国历代建筑中的发展演变比较显著。早期的斗拱比较大，主要为结构构件；唐、宋时期的斗拱还保留这个特点；但到了明、清时期，它的结构功能逐渐减少，

变成纤细的装饰构件了。

由于古建筑这种特殊的木构架结构体系，屋顶的重量都是由木构架来承担的，外墙只起到遮挡阳光、隔热防寒的作用，所以墙壁是不承重的。柱间又可以灵活处理，使得建筑物具有很大的灵活性。另一方面，由于木构架所使用的斗拱和榫卯结构都具有一定的伸缩性，可以在一定限度内减少地震对木构架的危害，使得木构架具有一定的抗震能力。

（3）台基。台基是所有建筑物的最基础部分，又称基座，是高出地面的建筑物底座。台基用以承托建筑物，并使其防潮、防腐，同时可弥补中国古建筑单体建筑不甚高大雄伟的欠缺，也是中国古建筑的一个重要的特征，台基有普通台基和须弥台基两种。一般房屋用单层台基，而隆重的殿堂会用两层或者三层（表2-3）。

表2-3 台基特点

时 期	台 基 特 点
宋代之前	须弥座多为多层叠涩砖构成
宋代	定型化，束腰部分增高并以间柱分隔，柱间以雕饰来装饰，成为台基重点
清代	须弥座各层分割相近，但上下枭与束腰装饰平均，不分宾主，台基失掉主体而纯象雕纹，在外表上大减其原来雄厚力量

1）普通台基：用灰土或碎砖三合土夯筑而成，约高一尺，常用于小型建筑。

2）较高级台基：较普通台基高，常在台基上边建汉白玉栏杆，用于大型建筑或宫殿建筑中的次要建筑。

3）更高级台基（如明十三陵的长陵祾恩殿）：即须弥座，又名金刚座。"须弥"是古印度神话中的山名，相传位于世界中心，系宇宙间最高的山，日月星辰出没其间，三界诸天也依傍它层层建立。须弥座用作佛像或神龛的台基，用以显示佛的崇高伟大。中国古建筑采用须弥座表示建筑的级别。一般用砖或石砌成，上有凹凸线脚和纹饰，台上建有汉白玉栏杆，常用于宫殿和著名寺院中的主要殿堂建筑。

4）最高级台基：由几个须弥座相叠而成，从而使建筑物显得更为宏伟高大，常用于最高级建筑，如故宫三大殿和山东曲阜孔庙大成殿，即耸立在最高级台基上。

5. 中国古建筑装饰的特点

（1）中国古建筑色彩的使用是其显著的特征之一。各种色彩在中国各朝代中占有不同的地位，中国古建筑多使用对比度强、色彩分明的颜色，使其显得轮廓分明、富丽堂皇（表2-4）。

表2-4 建筑物色彩特点

历 史 时 期	建筑物色彩特点
商代	建筑物多为红白两色，并使用色彩斑斓的织绣或绘品
周代	规定青、红、黄、白、黑为正色；宫殿、柱墙、台基多以红色、彩画为装饰
汉代后	利用青、红、白、黑、黄的组合和对比；从等级上红色开始退居黄色之后
魏晋南北朝时期后	黄色占据至高无上的地位
隋唐时期	宫殿、庙宇、官邸多为红柱白墙，以彩画装饰，灰瓦或黑瓦屋顶
宋元时期	使用白石台基、红墙红柱红门窗、黄或绿色琉璃瓦屋顶，并用彩画作装饰
明清时期	琉璃瓦以黄色等级为最高、绿色次之，还有蓝、紫、黑、白各色

中国古建筑所选择的色彩具有明显的倾向性，比较喜欢用红、黄、绿这些表示吉祥的颜色。另一方面，中国古建筑用色受到严格的封建等级制度的影响，黄色最为尊贵，是皇家建筑的专用色，而一般民居多用白墙灰瓦褐梁架。中国古代皇家建筑的色彩具有强烈的原色对比，构成富丽堂皇的色彩格调；中国古代民居的白墙灰瓦，褐色的梁架与自然环境形成鲜明的色彩对比，显示出民居的自然、质朴、秀丽、淡雅的格调。

（2）中国古建筑对于装修、装饰极为讲究，一切建筑部位或构件都要美化，所选用的形象、色彩因部位与构件性质不同而有别。

台基和台阶本是房屋的基座和进屋的踏步，但做上雕饰，配上栏杆，就显得格外庄严与雄伟。屋面装饰可以使屋顶的轮廓形象更加优美。如故宫太和殿，重檐庑殿顶，五脊四坡，正脊两端各饰一龙形大吻，张口吞脊，尾部上卷，四条垂脊的檐角部位各饰有琉璃瓦件（仙人骑凤后跟十只走兽），增加了屋顶形象的艺术感染力。

图 2-17　祈年殿周身无墙壁，檐柱间都设朱红色门窗隔扇，隔扇加工精致

门窗、隔扇属外檐装修，是分隔室内外空间的间隔物，但是装饰性特别强。门窗以其各种形象、花纹、色彩增强了建筑物立面的艺术效果（图 2-17）。内檐装修是用以划分房屋内部空间的装置，常用隔扇门、板壁、多宝格、书橱等，它们可以使室内空间产生既分隔又连通的效果。另一种划分室内空间的装置是各种罩，如几腿罩、落地罩、圆光罩、花罩、栏杆罩等，有的还要安装玻璃或糊纱，绘以花卉或字画，使室内充满书香气息。

顶棚即室内的天花，是室内上空的一种装修。一般民居房屋制作较为简单，多用木条制成网架，钉在梁上，再糊纸。重要建筑物（如殿堂）则用木枝条在梁架间搭制方格网，格内装木板，绘以彩画。藻井（图2-18）是比顶棚更具有装饰性的一种屋顶内部装饰，它结构复杂，藻井除上圆下方之外，还有四方八方等形制由三层木架交构组成一个向上隆起如井状的顶棚，多用于殿堂、佛坛的上方正中，交木如井，绘有藻纹，故称藻井。

在建筑物上施彩绘是中国古建筑的一个重要特征，是建筑物不可缺少的一项装饰艺

图 2-18　天坛龙凤藻井

术。它原是施于梁、柱、门、窗等木构件之上用以防腐、防蠹，后来逐渐发展演化为彩画。古代在建筑物上施用彩画，有严格的等级区分，庶民房舍不准绘彩画，就是在紫禁城内，不同性质的建筑物绘制彩画也有严格的区分。其中和玺彩画属最高的一级，内容以龙为主题，施用于外朝、内廷的主要殿堂，格调华贵；旋子彩画是图案化彩画，画面布局素雅灵活，富于变化，常用于次要宫殿及配殿、门庑等建筑上；再一种是苏式彩画，以山水、人物、草虫、花卉为内容，多用于园苑中的亭台楼阁之上。

中国建筑装饰以"三雕"为主，即木雕、石雕和砖雕，其中木雕的数量和质量是"三雕"之首。古代建筑上的装饰细部大部分是由梁枋、斗拱、檩椽等结构构件经过艺术加工而发挥其装饰的效用的。古代建筑综合运用了我国工艺美术以及绘画、雕刻、书法等方面的成就，使得建筑外观变化多端、丰富多彩，充满中华民族风格的气息。

图 2-19　"龙"形雕刻

建筑物上雕刻的内容主要体现了古代人民的文化理想，表现了人们对美好生活的追求。不同的雕刻内容有着不同的寓意。例如，龙是中华民族的象征（图2-19），也是帝王和权力的体现；梅兰竹菊清雅不畏严寒，象征文人高洁的品格；而荷花和梅花组合起来的雕刻表示"和和美美"。由于建筑上木雕的内容和人们的生活密切相关，深入日常生活的每个角落，从而深刻地体现出中国传统文化的特征。

中国古代建筑拥有深厚的中国文化，具有巨大的历史价值以及继承价值。面临科技发达、世界全球化的中国建筑业，必须在效仿西方式建筑的同时，全面考虑中国的历史文化，继承中国传统建筑的精髓，开创新时代具有中国特色的现代建筑之路。

2.2　西方古代建筑装饰特点与基本知识

西方古代建筑的范围，是指从古希腊到英国工业革命前的建筑。它与中国的建筑有明显的不同，可以从六大风格上来分析西方古代建筑的基本特点。

2.2.1　古希腊的建筑风格

古希腊是西方文明的源头，是欧洲文化的发源地之一，古希腊的建筑艺术，则是欧洲建筑艺术的源泉与宝库。建筑格式以柱式为最大特色，这也是西方建筑与中国建筑的最大区别。而古希腊的神庙建筑则是这些风格特点的集中体现者，也是古希腊，乃至整个欧洲最伟大、最辉煌、影响最深远的建筑。

首先是柱式（图2-20）。古希腊的"柱式"，不仅仅是一种建筑部件的形式，更准确地说，它是一种建筑规范和风格，这种规范和风格的特点是，追求建筑的檐部（包括额枋、檐壁、檐口）及柱子（柱础、柱身、柱头）的严格和谐的比例和以人为尺度的造型格式。

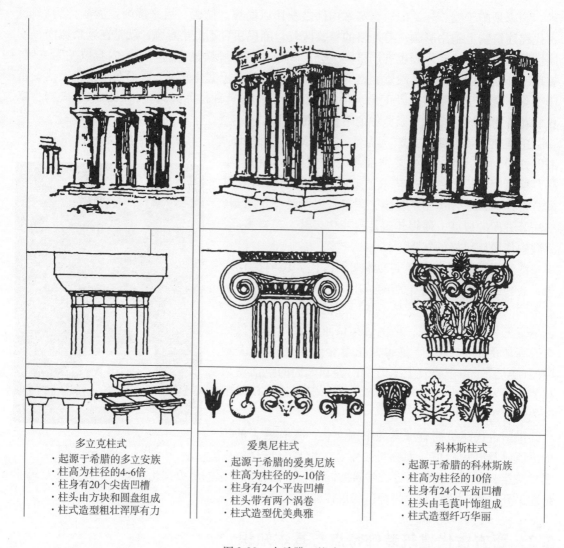

多立克柱式
· 起源于希腊的多立安族
· 柱高为柱径的4~6倍
· 柱身有20个尖齿凹槽
· 柱头由方块和圆盘组成
· 柱式造型粗壮浑厚有力

爱奥尼柱式
· 起源于希腊的爱奥尼族
· 柱高为柱径的9~10倍
· 柱身有24个平齿凹槽
· 柱头带有两个涡卷
· 柱式造型优美典雅

科林斯柱式
· 起源于希腊的科林斯族
· 柱高为柱径的10倍
· 柱身有24个平齿凹槽
· 柱头由毛茛叶饰组成
· 柱式造型纤巧华丽

图 2-20 古希腊三柱式

古希腊最典型的柱式主要有三种，即多立克柱式、爱奥尼柱式和科林斯柱式。这些柱式的特点有以下两点：

（1）从外在形体看。多立克柱的柱头是简单而刚挺的倒立圆锥台，柱身凹槽相交成锋利的棱角，雄壮的柱身从台面上拔地而起，柱子的收分十分明显，透着男性体态的刚劲雄健之美。

爱奥尼柱，其外在形体修长、端丽，柱头则带婀娜多姿的两个涡卷，尽展女性体态的清秀柔和之美。

科林斯柱的柱身与爱奥尼柱相似，而柱头则更为华丽，形如倒钟，四周饰以锯齿状叶片，宛如满盛卷草的花篮。

（2）从比例与规范来看。多立克柱一般是柱高为柱径的 4~6 倍，檐部高度约为整个柱式的1/4，柱身有 20 个尖齿凹槽，柱头由方块和圆盘组成，造型十分粗壮、浑厚有力。

爱奥尼柱，柱高一般为柱径的 9~10 倍，柱身有 24 个平齿凹槽，檐部高度约为整个柱式的 1/5，十分有序而和美。

科林斯柱，在比例、规范上与爱奥尼柱相似。这些比例、规范与这些柱式的外在形体的风格完全一致，都以人为尺度，以人体美为其风格的根本依据，它们的造型可以说是人的风度、形态、容颜、举止美的艺术显现，而它们的比例与规范，则可以说是人体比例、结构规律的形象体现。

以这三种柱式为构图原则的单体神庙建筑或其他建筑，往往就成为了古希腊艺术乃至人类建筑艺术的典范，如以多立克柱式为构图原则的帕提农神庙；以爱奥尼柱式为构图原则的伊瑞克先神庙和帕加蒙的宙斯神坛；以科林斯柱式为构图原则的列雪格拉德纪念亭等。

在古希腊的建筑中，不仅柱式以及以柱式为构图原则的单体神庙建筑生动、鲜明地表现了古希腊建筑和谐、完美、崇高的风格，而且，以神庙为主体的建筑群体，也常常以更为宏伟的构图，表现了古希腊建筑和谐、完美而又崇高的风格特点。其中雅典卫城是最有代表性的建筑体（图2-21）。

图 2-21　雅典卫城

雅典卫城是古希腊人进行祭神活动的地方，位于雅典城西南的一个高岗上，由一系列神庙构成。由雅典卫城入口的山门，守护神雅典娜像的主体建筑帕提农神庙和以女像柱廊闻名的伊瑞克先神庙组成。雅典卫城的整体布局考虑了祭典序列和人们对建筑空间及型体的艺术感受特点，建筑因山就势，主次分明，高低错落，无论是身处其间或是从城下仰望，都可看到较为完整的艺术形象。建筑本身则考虑到了单体相互之间在柱式、大小、体量等方面的对比和变化，加上巧妙地利用了不规则不对称的地形，使得每一景物都各有其一定角度的最佳透视效果，当人身处其中，从四度空间的角度来审视整个建筑群时，一种和谐、完美的观感就会油然而生。

2.2.2　古罗马的建筑艺术

古罗马建筑是古罗马人沿袭亚平宁半岛上伊特鲁里亚人的建筑技术，继承古希腊建筑成就，在建筑形制、技术和艺术方面广泛创新的一种建筑风格。古罗马建筑在公元 1~3 世纪为极盛时期，达到西方古代建筑的高峰。

古罗马建筑艺术成就很高，大型建筑物的风格雄浑凝重，构图和谐统一，形式多样。罗马人开拓了新的建筑艺术领域，丰富了建筑艺术手法。古罗马建筑的类型很多。有罗马万神庙（图2-22）、维纳斯和罗马庙，以及巴尔贝克太阳神庙等宗教建筑，也有皇宫、剧场角斗场（图2-23）、浴场以及广场和巴西利卡（长方形会堂）等公共建筑。居住建筑有内庭式住宅、内庭式与围柱式相结合的住宅，还有四、五层公寓式住宅。

古罗马世俗建筑的形制相当成熟，与功能结合得很好。例如，罗马帝国各地的大型剧场，观众席平面呈半圆形，逐排升起，以纵过道为主、横过道为辅。观众按票号从不同的入口、楼梯到达各区座位。人流不交叉，聚散方便。舞台高起，前有乐池，后面是化妆楼，化妆楼的立面便是舞台的背景，两端向前突出，形成台口的雏形，已与现代大型演出性建筑物的基本形制相似。

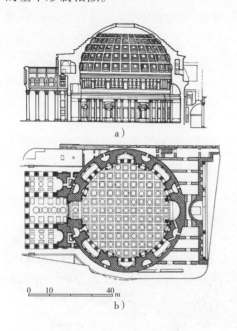

图 2-22　万神庙平面及内部结构　　　　　　　　图 2-23　剧场角斗场

古罗马多层公寓常用标准单元。一些公寓底层设商店，楼上住户有阳台。这种形制同现代公寓也大体相似。从剧场、角斗场、浴场和公寓等形制来看，当时建筑设计这门技术科学已经相当发达。古罗马建筑师维特鲁威写的《建筑十书》就是对这门科学的总结。

拱券结构是罗马建筑的最大特点，也是最大成就之一。罗马建筑典型的布局方式、空间组合及艺术形式等都与拱券结构有着紧密联系。正是出色的拱券技术使罗马宏伟壮丽的建筑有了实现的可能性，才使罗马建筑那种空前勇敢大胆的创造精神有了根据。

拱券结构得到推广，是因为使用了强度高、施工方便、价格便宜的火山灰混凝土。约在公元前 2 世纪，这种混凝土成为独立的建筑材料，到公元前 1 世纪，几乎完全代替石材，用于建筑拱券，也用于筑墙。混凝土表面常用一层方锥形石块或三角形砖保护，再抹一层灰或者贴一层大理石板；也有在混凝土墙体前再砌一道石墙作面层的做法。

古罗马建筑的木结构技术已有相当水平，能够区别桁架的拉杆和压杆。罗马城图拉真巴西利卡，木桁架的跨度达到 25m。公元 1 世纪建造的罗马大角斗场，可容五万观众，只用了 5～6 年时间就建成了。它建在一个填埋的湖上，但地基竟没有明显的沉陷。

古罗马建筑发展了古希腊柱式的构图，使之更有适应性。最有意义的是创造出柱式同拱券的组合，如券柱式和连续券，既作结构，又作装饰。在希腊三柱式的基础上，古罗马又新增了塔司干柱式和复合柱式两种。

公元 4 世纪下半叶起，古罗马建筑日趋衰落。15 世纪后，经过文艺复兴、古典主义复兴以及 19 世纪初期法国"帝国风格"的提倡，古罗马建筑在欧洲重新成为学习的范例。

2.2.3　拜占庭建筑的风格

"拜占庭"原是古希腊的一个城堡，公元 395 年，显赫一时的罗马帝国分裂为东西两个国家，西罗马的首都仍在当时的罗马，而东罗马则将首都迁至拜占庭，其国家也就顺其迁移被称为拜占庭帝国。拜占庭建筑，就是诞生于这一时期的拜占庭帝国的一种建筑文化。

从历史发展的角度来看，拜占庭建筑是在继承古罗马建筑文化的基础上发展起来的，同时，由于地理关系，它又汲取了波斯、两河流域、叙利亚等东方文化，形成了自己的建筑风格，并对后来的俄罗斯的教堂建筑、伊斯兰教的清真寺建筑都产生了积极的影响。

拜占庭建筑主要有以下四个特点。

（1）屋顶造型，普遍使用"穹隆顶"。这一特点显然是受到古罗马建筑风格影响的结果。但与古罗马相比，拜占庭建筑在使用"穹隆顶"方面要比古罗马普遍得多，几乎所有的公共建筑都用穹隆顶。

（2）整体造型中心突出。在一般的拜占庭建筑中，建筑构图的中心，往往十分突出，那种体量既高又大的圆穹顶，往往成为整座建筑的构图中心，围绕这一中心部件，周围又常常有序地设置一些与之协调的小部件。

（3）它创造了把穹隆顶支承在独立方柱上的结构方法和与之相应的集中式建筑形制。其典型做法是在方形平面的四边发券，在四个券之间砌筑以对角线为直径的穹顶，仿佛一个完整的穹顶在四边被发券切割而成，它的重量完全由四个券承担，从而使内部空间获得了极大的自由。

（4）色彩灿烂夺目。拜占庭大面积地用马赛克或粉画进行装饰，在色彩的使用上，既注重变化，又注重统一，使建筑内部空间与外部立面灿烂夺目。在这一方面，拜占庭建筑极大地丰富了建筑的语言，也极大地提高了建筑表情达意、构造艺术意境的能力。

土耳其的伊斯坦布尔的圣索菲亚大教堂（图 2-24）是拜占庭建筑的代表作品。它不仅综合地体现了拜占庭建筑的特点，还是拜占庭建筑成就的集大成者。

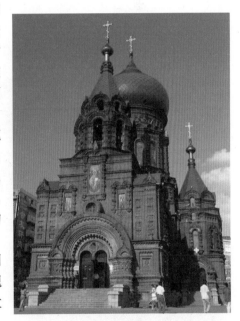

图 2-24　圣索菲亚大教堂

2.2.4　哥特式建筑的风格

哥特式建筑是 11 世纪下半叶起源于法国，13 ~ 15 世纪流行于欧洲的一种建筑风格，主要见于天主教堂，也影响到世俗建筑。哥特式建筑以其高超的技术和艺术成就，在建筑史上占有重要地位。哥特式教堂的结构体系由石头的骨架券和飞扶壁组成。其基本单元是在一个正方形或矩形平面四角的柱子上做双圆心骨架尖券，四边和对角线上各一道，屋面石板架在券上，形成拱顶。采用这种方式，可以在不同跨度上做出矢高相同的券，拱顶重量轻，交线分明，减少了券脚的推力，简化了施工。飞扶壁由侧厅外面的柱墩发券，平衡中厅拱脚的侧推力。为了增加稳定性，常在柱墩上砌尖塔。由于采用了尖券、尖拱和飞扶壁，哥特式教堂的内部空间高旷、单纯、统一。装饰细部，如华盖、壁龛等，也都用尖券作主题，建筑风格与结构手法形成一个有机的整体。

　　哥特式建筑大多是教堂建筑。中世纪占统治地位的意识是宗教意识，特别是基督教意识。哥特式建筑的总体风格特点是：尖峭、高耸、空灵、纤瘦。尖峭的形式，是尖券、尖拱技术的结晶；高耸的墙体，则包含着斜撑技术、扶壁技术的功绩；而那空灵的意境和垂直向上的形态，则是基督教精神内涵的最确切的表述。高而直、空灵、虚幻的形象，似乎直指上苍，启示人们脱离这个苦难、充满罪恶的世界，而奔赴"天国乐土"。外观的基本特征是高而直，其典型构图是一对高耸的尖塔，中间夹着中厅的山墙，在山墙檐头的栏杆、大门洞上设置了一列布有雕像的凹龛，把整个立面横向联系起来，在中央的栏杆和凹龛之间是象征天堂的圆形玫瑰窗。西立面作为教堂的入口，有三座门洞，门洞内都有几层线脚，线脚上刻着成串的圣像。墙体上均由垂直线条统贯，一切造型部位和装饰细部都以尖拱、尖券、尖顶为合成要素，门洞上的山花、凹龛上的华盖、扶壁上的脊边都是尖耸的，塔、扶壁和墙垣上端都冠以直刺苍穹的小尖顶。与此同时，建筑的立面越往上划分越为细巧，形体和装饰越见玲珑。这一切，都使整个教堂充满了一种超凡脱俗、腾跃迁升的动感与气势。其次，从内部空间的特点来看，哥特式教堂的平面一般仍为拉丁十字形，但中厅窄而长，瘦而高，教堂内部导向天堂和祭坛的动势都很强，教堂内部的结构全部裸露，近于框架式，垂直线条统帅着所有部分，使空间显得极为高耸，象征着对天国的憧憬（图2-25～图2-30）。

图2-25　巴黎圣母院

（法国早期哥特式教堂的代表作）

图2-26　亚眠大教堂

（法国盛期哥特式教堂的代表作）

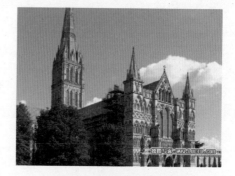

图2-27　索尔兹伯里大教堂

（英国哥特式教堂的代表作）

图2-28　格洛斯特大教堂内景

（英国哥特式教堂的代表作）

图2-29　科隆大教堂内景

（德国哥特式教堂的代表作）

图2-30　米兰大教堂

（意大利哥特式教堂的代表作）

2.2.5　文艺复兴时期建筑的风格

　　文艺复兴建筑是公元 14 世纪在意大利随着文艺复兴这个文化运动而诞生的建筑风格。14～16 世纪欧洲资本主义文化思想的萌芽，新兴资本主义基于对中世纪神权至上的批判和对人道主义的肯定，使建筑师希望借助古典的比例来重新塑造理想中古典社会的协调秩序。所以一般而言，文艺复兴时期的建筑是讲究秩序和比例的，拥有严谨的立面和平面构图以及从古典建筑中继承下来的柱式系统。

　　文艺复兴建筑是欧洲建筑史上继哥特式建筑之后出现的一种建筑风格。15 世纪产生于意大利的佛罗伦萨，继而传播到欧洲其他地区，形成各具特点的各国文艺复兴建筑。意大利文艺复兴建筑在文艺复兴建筑中占有首要地位。文艺复兴建筑并没有简单地模仿或照搬古希腊古罗马的式样，而是在建造技术、规模和类型以及建筑艺术上都有很大的发展。在文艺复兴时期，建筑类型、建筑形制、建筑形式都比以前增多了。建筑师在创作中既体现统一的时代风格，又十分重视表现自己的艺术个性。从意大利开始，欧洲各国先后涌现了许多巧匠名师，如维尼奥拉、阿尔伯蒂、米开朗基罗等。总之，文艺复兴建筑，特别是意大利文艺复兴建筑，呈现空前繁荣的景象，是世界建筑史上一个大发展和大提高的时期。

　　著名的圣彼得大教堂（图 2-31）、佛罗伦萨大教堂（图 2-32）、圆厅别墅（图 2-33）就是这一时期建造的。各种拱顶、券廊特别是柱式成为文艺复兴时期建筑构图的主要手段。

　　图 2-31　圣彼得大教堂　　　　图 2-32　佛罗伦萨大教堂　　　　图 2-33　圆厅别墅

　　而关于文艺复兴建筑何时结束的问题，建筑史界尚存在着不同的看法。有一些学者认为一直到 18 世纪末，有将近 400 年的时间属于文艺复兴建筑时期。另一种看法是意大利文艺复兴建筑到 17 世纪初就结束了，此后转为巴洛克建筑风格。

2.2.6　巴洛克建筑的风格

　　巴洛克风格，是产生于文艺复兴高潮过后的一种文化艺术风格。它的葡萄牙文为 Baroque，意为畸形的珍珠，其艺术特点就是怪诞、扭曲、不规整。古典主义者用它来称呼这种被认为是离经叛道的建筑风格。这种风格在反对僵化的古典形式，追求自由奔放的格调和表达世俗情趣等方面起了重要作用，对城市广场、园林艺术以至文学艺术都产生影响，一度在欧洲广泛流行。

　　巴洛克建筑风格是 17～18 世纪在意大利文艺复兴建筑基础上发展起来的一种建筑和装饰风格，是巴洛克文化艺术风格的一个组成部分。从历史沿革来说，巴洛克建筑风格是对文艺复兴建筑风格的一种反叛；而从艺术发展来看，它的出现，又是对包括文艺复兴在内的欧洲传统建筑风格的一次大革命，冲破并打碎了古典建筑业已建立起来的种种规则，对严格、理性、秩序、对称、均衡等建筑风格与原则来了一次大反叛，开创了一代建筑新风。

巴洛克建筑风格的基调是富丽堂皇而又新奇欢畅，具有强烈的世俗享乐的味道。它主要有四个特征：

（1）炫耀财富。它常常用大量贵重的材料、精细的加工、刻意的装饰，以显示其富有与高贵。

（2）不囿于结构逻辑，常常采用一些非理性组合手法，从而产生反常与惊奇的特殊效果。

（3）充满欢乐的气氛。提倡世俗化，反对神化，提倡人权，反对神权的结果是人性的解放，这种人性的光芒照耀着艺术，给文艺复兴的艺术印上了欢快的色彩，以致完全走上了享乐至上的歧途。

（4）标新立异，追求新奇。这是巴洛克建筑风格最显著的特征。采用以椭圆形为基础的 S 形，波浪形的平面和立面使建筑形象产生动态感；或者把建筑和雕刻二者结合，以求新奇感；又或用高低错落及形式构件之间的某种不协调，引起刺激感。

意大利文艺复兴晚期著名建筑师和建筑理论家维尼奥拉设计的罗马耶稣会教堂（图 2-34）是由手法主义向巴洛克风格过渡的代表作，也有人称之为第一座巴洛克建筑。教堂的圣坛装饰富丽而自由，上面的山花突破了古典法式，正中升起一座穹隆顶。教堂立面借鉴早期文艺复兴建筑大师阿尔伯蒂设计的佛罗伦萨圣玛丽亚小教堂的处理手法。正门上面分层檐部和山花做成重叠的弧形及三角形，大门两侧采用了倚柱和扁壁柱。立面上部两侧做了两对大涡卷。这些处理手法别开生面，后来被广泛效仿。

图 2-34　耶稣会教堂

巴洛克风格打破了对古罗马建筑理论家维特鲁威的盲目崇拜，也冲破了文艺复兴晚期古典主义者制订的种种清规戒律，反映了向往自由的世俗思想。另一方面，巴洛克风格的教堂富丽堂皇，能造成相当强烈的神秘气氛，也符合天主教会炫耀财富和追求神秘感的要求。因此，巴洛克建筑从罗马发端后，不久即传遍欧洲，甚至远达美洲（图 2-35 ~ 图 2-38）。

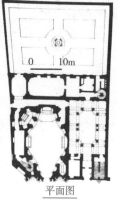

平面图

图 2-35　意大利罗马圣卡罗教堂

图 2-36　德国十四圣徒朝圣教堂内部

图 2-37　圣地亚哥大教堂外观　　　　　图 2-38　圣地亚哥大教堂内景

（这是西班牙的巴洛克建筑典型实例，风格自由奔放，造型繁复，富于变化。）

2.2.7　洛可可风格的建筑艺术

　　洛可可风格是一种建筑风格，主要表现在室内装饰上。18 世纪 20 年代产生于法国，是在巴洛克建筑的基础上发展起来的。洛可可是在反对法国古典主义艺术的逻辑性、易明性、理性的前提下出现的柔媚、细腻和纤巧的建筑风格。它的主要特点是一切围绕柔媚顺和来构图，特别喜爱使用曲线和圆形，尽可能避免方角。在装饰题材上，常常喜用各种草叶、蚌壳、蔷薇和棕榈。以质感温软的木材取代过去常常使用的大理石。墙面上不再出现古典程式，而代之以线脚繁复的镶板和数量特多的玻璃镜面。喜用娇嫩的色彩，如白色、金色、粉红色、嫩绿色、淡黄色，尽量避免强烈的对比。线脚多用金色，顶棚常涂上天蓝色，还常常画上飘浮的白云。此外还喜欢张挂绸缎的幔帐和晶体玻璃吊灯，陈设瓷器古玩，力图显出豪华的高雅之趣。然而，它的格调却因装饰手法的过于刻意，往往是脂粉之气过浓，高洁之意不足；堆砌、柔媚有余，自然韵雅不足。

　　为了模仿自然形态，室内建筑部件也往往做成不对称形状，变化万千，但有时流于矫揉造作。室内护壁板有时用木板，有时做成精致的框格，框内四周有一圈花边，中间常衬以浅色东方织锦。

　　洛可可风格反映了法国路易十五时代宫廷贵族的生活趣味，曾风靡欧洲。这种风格的代表作是巴黎苏俾士府邸公主沙龙、凡尔赛宫的王后居室（图2-39）、柏林夏洛登堡的"金廊"和波茨坦新宫的阿波罗大厅。

图 2-39　凡尔赛宫的王后居室

2.3　近代建筑装饰设计

　　1640 年开始的英国资产阶级革命标志着世界历史进入了近代阶段。而到了 18 世纪末首先在英国爆发的工业革命，揭开了西方近代装饰设计的序幕，继英国之后，美、法、德等国也先后开始了工业革命。西方国家由此步入工业化社会。这个时期，欧美资本主义国家的城市与建筑都发生了种种矛盾与变化：建筑创作中的复古主义思潮与工业革命带来的新的建筑材料和结构对建筑设计思想的冲击之间的矛盾；建筑师所受的传统学院派教育与全新的建筑类型和建筑需求之间的矛盾以及城市人口的恶性膨胀和大工业城市的飞速发展等。这是一个孕育建筑新风格的时期，也是一个新旧因素并存的时期。

在这种历史背景下，由于经济水平和技术条件等的发展，在近代建筑装饰发展进程中设计思想也异常活跃、复杂，产生了多种多样的建筑装饰风格和流派，出现了更加动人、复杂、多元的建筑装饰艺术。各风格之间，各流派之间也相互影响、相互渗透、相互转化，作品常常是同时带有几种不同流派的特征，纯粹的、典型的东西很少。

资本主义初期，由于工业大生产的发展，促使建筑科学有了很大的进步。新的建筑材料、新的结构技术、新的设备、新的施工方法的出现，使建筑在平面与空间的设计上能够比较自由，因而影响到形式上的变化。建筑设计能从功能出发，但是对功能还没有深刻的认识。而开始于18世纪中期的英国工业革命导致社会、思想和人类文明的巨大进步，新材料和新技术的使用，对建筑产生了深远的影响。工业革命是社会生产从手工工场向大机器工业的过渡，是生产技术的根本变革，同时又是一场剧烈的社会关系的变革。一方面是生产方式和建造工艺的发展，另一方面是不断涌现的新材料、新设备和新技术，为近代建筑的发展开辟了广阔的前途。正是应用了这些新的技术，才突破了传统建筑高度与跨度的局限，使建筑在平面与空间的设计上有了较大的自由度，同时影响到建筑形式的变化。这其中尤其以钢铁、混凝土和玻璃在建筑上的广泛应用最为突出。

这一时期的主要贡献就是主张使用新材料、新技术，让建筑师看到铁、玻璃在建筑中的示范作用，提倡建筑要走工业化道路，展示了建筑的出发点是功能这一基本原则。

2.3.1　工艺美术运动

对近代建筑装饰最具有影响的是发生在19世纪中叶的"工艺美术运动"，它是小资产阶级浪漫主义思想的反映。

最具有代表性的作品是莫里斯在1859～1861年为自己营建的住宅——"红屋"（图2-40），是工艺美术运动的代表建筑。它因用本地产的红砖建造，不加粉饰体现材料本身的质感，而得名。

工艺美术运动在莫里斯等人的领导下，首先提出了"艺术与技术结合"的原则，倡导以实用性为设计要旨。他们尝试将功能、材料与艺术造型结合，对后来的建筑及室内装饰有一定的启发。设计中多采用动植物作纹样，崇尚自然造型，讲究"师法自然"并予以简化，在工艺上注重手工艺效果与自然材料本身的美，创造了新的建筑装饰语言。家具方面总体上追求质朴、大方、适用、简洁的特色。室内环境和家具陈设布局上注重协调，整体感觉得体而适度。这一些都是工艺美术运动对以后建筑装饰发展的主要影响。

图2-40　红屋

19 世纪后期，一批新派设计师，极力反对历史的式样，想运用新的艺术语言创造出一种新的能适应工业时代精神的简化装饰，新艺术运动由此而生。

"新艺术派"的思想主要表现在用新的装饰纹样取代旧的程式化的图案，受英国工艺美术运动的影响，主要从植物形象中提取造型素材。室内装饰在家具、灯具、广告画、墙纸中，大量采用自由连续弯绕的曲线和曲面，形成自己特有的富于动感的造型风格。

新艺术运动在装饰上的雕琢，承袭了洛可可艺术的传统，但摒弃了古典的构图，探索了新的艺术形式，并开始拥抱现代技术和现代材料。他们对新形式的探索，对传统形式的净化，以及使用简单化的构图和形式成为一种新的美学趣味，为不久之后的现代主义的到来打开了大门。

1910 年后，新艺术运动受到工业社会世界性经济危机的打击而衰落。此后，建筑装饰开始向两个方向发展：一个是以批判"装饰"为立场，探索适应工业社会生产方式的现代主义的设计风格；一个是以坚持"装饰"为立场，探索工业生产的装饰美，这个设计方向最终导致了法国装饰派艺术。

2.3.2　维也纳分离派

维也纳分离派是新艺术运动在奥地利的产物。由奥地利建筑师瓦格纳的学生奥别列兹、霍夫曼与画家克里木特等一批 30 岁左右的艺术家组成的名为"分离派"的团体，意思是要与传统的和正统的艺术分手。

瓦格纳在 1895 年出版的专著《论现代建筑》中提出：新建筑要来自生活，表现当代生活。他认为没有用的东西不可能美，主张坦率地运用工业提供的建筑材料，推崇整洁的墙面、水平线条和平屋顶，认为从时代的功能与结构形象中产生的净化风格具有强大的表现力。

瓦格纳的观念和作品影响了一批年轻的建筑师，他的作品还带有由旧转新的痕迹，而他的学生则有意同传统划清界限。他们的作品不但各自具有鲜明的独创性和很强的感染力，甚至初具 19 世纪 20 年代"方盒子"建筑的雏形。

维也纳分离派的主要作品有：维也纳邮政储蓄银行（图2-41）、维也纳玛约利卡住宅、维也纳分离派展览馆、维也纳美国酒吧间、维也纳米歇尔广场等。

图 2-41　维也纳邮政储蓄银行

2.3.3　芝加哥学派与德意志制造联盟

芝加哥学派与德意志制造联盟是现代主义运动的奠基者，他们使用铁的全框架结构，使楼房层数超过 10 层甚至更高，楼房的立面大为净化和简化。为了增加室内的光线和通风，出现了宽度大于高度的横向窗子，被称为"芝加哥窗"。高层、铁框架、横向大窗、简单的立面成为"芝加哥学派"的建筑特点。"芝加哥学派"中最著名的建筑师是路易·沙利文。以沙利文为代表提出了"形式随从功能"，总结了高层办公建筑原则、思路、方法，探索了一种新的建筑类型——高层建筑。

"芝加哥学派"的建筑师和工程师们积极采用新材料、新结构、新技术，认真解决新高层商业建筑的功能需要，创造了具有新风格新样式的新建筑。但是，由于当时大多数美国人认为它们缺少历史传统，也就是缺少文化，没有深度，没有分量，不登大雅之堂，只是在特殊地点和时间为解燃眉之急的权宜之计，使这个学派只存于芝加哥一地，十余年间便烟消云散了。

2.3.4 表现派与风格派

1. 表现派

20世纪初在德国、奥地利首先产生了表现主义的绘画、音乐和戏剧。表现主义者认为艺术任务在于表现个人的主观感受和体验。例如，画家心目中认为天空是蓝色的，他就会不顾时间地点，把天空都画作蓝色的，一切都取决于画家主观"表现"的需要，他们的目的是引起观者情绪上的激励。在这种艺术观点的影响下，第一次世界大战后出现了一些表现主义的建筑。这一派建筑师常常采用奇特、夸张的建筑体形来表现某些思想情绪，象征某种时代精神。德国建筑师孟德尔松在20世纪20年代设计过一些表现主义的建筑，如图2-42所示为德国波茨坦市爱因斯坦天文台。

图2-42　爱因斯坦天文台

2. 风格派

1917年，荷兰一些青年艺术家组成了一个名为"风格"派的造型艺术团体。主要成员有画家蒙德利安、万·陶斯柏，雕刻家万顿吉罗，建筑师奥德、里特维德等。他们认为最好的艺术就是基本几何形象的组合和构图。蒙德利安认为绘画是由线条和颜色构成的，所以线条和色彩是绘画的本质，应该允许独立存在。他认为用最简单的几何形状和最纯粹的色彩组成的构图才是有普遍意义的永恒的绘画。他的不少画就只有垂直和水平线条，间或涂上一些红、黄、蓝的色块，题名则为"有黄色的构图""直线的韵律""构图第×号，正号负号"等。网络派雕刻家的作品，则往往是一些大小不等的立方体和板片的组合。风格派有时又被称为"新造型派"或"要素派"。总的看来，风格派是20世纪初期在法国产生的立体派艺术的分支和变种。风格派既表现在绘画和雕刻方面，也表现在建筑装饰、家具、印刷装帧等许多方面。一些原来是画家的人，后来也从事建筑和家具设计。例如万·陶斯柏和马来维奇都是既搞绘画雕刻，又搞建筑设计的。

风格派热衷于几何形体、空间和色彩的构图效果。作为绘画和雕刻艺术，他们的作品不反映客观事物，而是反现实主义的。最能代表风格派建筑特征的是荷兰乌德勒支地方的一所住宅。

2.3.5 装饰派艺术

装饰派艺术是在新艺术运动衰退、粗劣的机器产品充斥人们的生活之际应运而生的。装饰派艺术更侧重于手工艺装饰艺术。它吸取了抽象艺术的表现方法，注重民族特色的发挥，探寻适应现代机器生产的途径，范围涉及建筑、家具、工艺品、时装等诸多艺术设计领域。装饰派艺术运动使产品更为符合大生产复制的要求，同时又不影响装饰趣味的充分发挥。

装饰派艺术有深刻的古典渊源，喜欢光滑的表面，异域的情调，奢侈的材料和重复的几何母体。其注重传统艺术和民族文化的表现，积极探索适应机器产品的现代主义意蕴。装饰派艺术和当时比较前卫的艺术派别相互联系和影响，如"野兽派"的作品中，运用了强烈的色彩对比，这一点就为装饰派所承袭。

装饰派的室内设计中有丰富的装饰要素，因而室内除了壁画之外，一般不挂画框。画的主题也有浓郁的东方色彩。在家具和配件设计中，往往会用怪异的动、植物形象，尤其是金属部件。

20 世纪 30 年代，强调竖线条的装饰派风格开始让位于强调流动的水平线条的新风格，产生了"流线型"新样式。如室内设计的主题：房间四壁用几条水平的装饰线统一起来，转角抹圆；家具面板的侧壁做得很薄，家具沿水平方向连续布置，突出一体化的边缘线。

2.3.6　专业化室内装饰设计

20 世纪以前，职业化的室内装饰几乎不存在，1877 年，美国妇女惠勒成立"纽约装饰艺术协会"（室内装饰行业中最早的妇女行会），教育妇女装饰技术。最早的美国职业室内装饰设计师是德沃尔弗，他所设计的风格单纯、简洁，但又喜欢用高贵的家具，提出了"光、空气和舒适"的设计理念。

1913 年，麦克雷兰德在纽约建立第一个装修部，1920 年成立装修事务所。

1924 年，麦克米兰成立了第一个职业化的、能提供全面专业技术服务的室内装饰公司。

到 20 世纪 30 年代，室内装饰业已经成为一个正式的、独立的专业类别。1931 年，美国室内装饰者学会成立。

在 20 世纪四五十年代，建筑的功能和空间变得更加复杂和多样。室内设计开始从艺术范畴走出来，并且和建筑、结构、暖通、给水排水、电气等专业密切联系，关注新技术和新材料的发展。室内设计成为了一门独立的、具有综合性的专业技术，它不但从文化艺术的角度，也从科学的角度，对组成室内环境的各个要素做出统筹的考虑和安排。

20 世纪 50 年代"室内设计师"的称号开始被普遍地接受。1957 年，美国"室内设计师学会"成立，标志着这门学科的最终独立。

室内设计的专业化对室内装饰产生的影响：①装饰文化艺术方面，室内设计专业化促使室内设计沿着以下两个不同的方向发展，不断更新的建筑流派为主导的室内设计和以流行趣味为主导的专业室内设计。二者之间总在不断斗争、不断调和、不断借鉴、不断适应，这种永远的相互作用构成了 20 世纪灿烂多彩的室内设计风格与思想。②设计科学方面，室内设计的专业化促使室内设计寻求新的方法和依据。随着科学思想的渗入，设计方法从经验的、感性的阶段上升到系统的理论阶段。室内设计科学发展起来。开始对室内的声、光、热环境和"人—设施—环境"的关系展开深入而广泛的研究。

2.4　现代建筑装饰设计

2.4.1　现代主义建筑

现代主义建筑是指 20 世纪中叶，在西方建筑界居主导地位的一种建筑思想。这种建筑的代表人物主张：建筑师要摆脱传统建筑形式的束缚，大胆创造适应于工业化社会的条件和要求的崭新建筑。因此具有鲜明的理性主义和激进主义的色彩，又称为现代派建筑。

现代派建筑并不是指现代的、时下的建筑。"现代派"是一种风格，主要流行于20世纪20~60年代。现代派建筑是和四个人的名字紧紧联系在一起的，他们被公认是20世纪前半期最重要的建筑师，就是前面提到的格罗皮乌斯、密斯、柯布西耶、赖特。

1919年，德国建筑师格罗皮乌斯担任包豪斯校长。在他的主持下，包豪斯在20年代，成为欧洲最激进的艺术和建筑中心之一，推动了建筑革新运动。法国建筑师勒·柯布西耶也在20世纪20年代初发表了一系列文章，阐述新观点，用示意图展示未来建筑的风貌。

20世纪20年代中期，格罗皮乌斯、勒·柯布西耶、密斯·范德罗等人设计和建造了一些具有新风格的建筑。其中影响较大的有格罗皮乌斯的包豪斯校舍（图2-43），勒·柯布西耶的萨伏伊别墅（图2-44）、巴黎瑞士学生宿舍和他的日内瓦国际联盟大厦设计方案、密斯·范德罗的巴塞罗那博览会德国馆等。在这三位建筑师的影响下，在20世纪20年代后期，欧洲一些年轻的建筑师，如芬兰建筑师阿尔托也设计出一些优秀的新型建筑。

图2-43 包豪斯校舍

图2-44 萨伏伊别墅

从格罗皮乌斯、勒·柯布西耶、密斯·范德罗等人的言论和实际作品中，可以看出他们提倡的"现代主义建筑"是要强调建筑应随时代而发展，现代建筑应同工业化社会相适应；强调建筑师要研究和解决建筑的实用功能和经济问题；主张积极采用新材料、新结构，在建筑设计中发挥新材料、新结构的特性；主张坚决摆脱过时的建筑样式的束缚，放手创造新的建筑风格；主张发展新的建筑美学，创造建筑新风格。

现代主义建筑的代表人物提倡新的建筑美学原则。其中包括表现手法和建造手段的统一；建筑形体和内部功能的配合；建筑形象的逻辑性；灵活均衡的非对称构图；简洁的处理手法和纯净的体型；在建筑艺术中吸取视觉艺术的新成果。

在20世纪二三十年代，持有现代主义建筑思想的建筑师设计出来的建筑作品，有一些相近的形式特征，如平屋顶，不对称的布局，光洁的白墙面，简单的檐部处理，大小不一的玻璃窗，很少用或完全不用装饰线脚等。这样的建筑形象一时间在许多国家出现，于是有人给它起了一个名称叫"国际式"建筑。当然，这样的称呼是就其某些表面形式而言的。

现代主义建筑思想在20世纪30年代从西欧向世界其他地区迅速传播。由于德国法西斯政权敌视新的建筑观点，格罗皮乌斯和密斯·范德罗先后被迫迁居美国，包豪斯学校被查封。但包豪斯的教学内容和设计思想却对世界各国的建筑教育产生了深刻的影响。

现代主义建筑思想先是在实用为主的建筑类型，如工厂厂房、中小学校校舍、医院建筑、图书馆建筑以及大量建造的住宅建筑中得到推行；到了20世纪50年代，在纪念性和国家性的建筑中也得到实现，如联合国总部大厦和巴西议会大厦。现代主义思潮到了 20 世纪中叶，在世界建筑潮流中占据主导地位。

2.4.2　现代主义代表人物及其作品介绍

1. 格罗皮乌斯（Walter Gropius，1883～1969，德国）

格罗皮乌斯是德国现代建筑师和建筑教育家，现代主义建筑学派的倡导人和奠基人之一，包豪斯学校的创办人。

格罗皮乌斯积极提倡建筑走工业化道路，主张用工业化方法供应住房机构，强调建筑设计与工艺的统一，艺术与技术的结合，讲究功能、技术和经济效益。这些观点首先体现在法古斯工厂和 1914 年科隆展览会展出的办公楼中。两幢建筑均为框架结构，外墙与支柱脱开，作成大片连续轻质幕墙。强调三大美术一体，将美术、雕塑、绘画有机融合。他对建筑功能的重视还表现为按空间的用途、性质、相互关系来组织和布局，按人的生理要求、人体尺度来确定空间的最小极限等，强调造型与功能的协调性，包括井然有序的平面和良好的比例。这些观点充分体现在下述建筑中：包豪斯校舍、哈佛大学研究生中心。

格罗皮乌斯利用机械化大量生产建筑构件和预制装配的建筑方法。他还提出一整套关于房屋设计标准化和预制装配的理论和办法。格罗皮乌斯组织并发起现代建筑协会，传播现代主义建筑理论，对现代建筑理论的发展起到一定推动作用。其代表作是 1965 年完成的《新建筑学与包豪斯》。

格罗皮乌斯的包豪斯校舍建于 1925～1926 年，位于德国的城市德绍。建筑语言简洁、统一，纯粹的长方体、大面积的开窗、朴实的阳台抹灰墙等放弃了传统的装饰，体现建筑、材料自身的美感，是现代建筑史上重要的里程碑式建筑（图 2-45～图 2-48）。

图 2-45　格罗皮乌斯的包豪斯校舍鸟瞰图

图 2-46　格罗皮乌斯的包豪斯校舍内景（一）

图 2-47　格罗皮乌斯的包豪斯校舍内景（二）

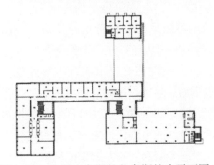

图 2-48　格罗皮乌斯的包豪斯校舍平面图

2. 密斯（Mies Van der Rohe，1886~1970，德国）

密斯是现代建筑最重要的代表人物之一，是现代建筑大师，20世纪最重要的建筑师之一，是现代建筑运动的积进分子和主将。在建筑艺术处理上他提出"少就是多"的原则，主张技术与艺术相统一，利用新材料、新技术作为主要的表现手段，提倡精确、完美的建筑艺术效果。1919~1921年，密斯曾提出玻璃摩天大楼的设想。在建筑内部空间处理上，他提倡空间的流动与穿插。著名的巴塞罗那世界博览会德国馆就是他的代表作，在其中充分地体现了他所提出的建筑艺术处理原则及室内空间的处理手法（图2-49）。他的主要作品还有范斯沃斯别墅、伊利诺伊理工学院克朗楼、西格拉姆大厦、柏林新国家美术馆等。

图2-49　密斯设计的巴塞罗那德国馆组图（图片来源：http://www.cdid.com.cn）

3. 勒·柯布西耶（Le Corbusier，1887~1965，法国）

勒·柯布西耶是现代主义建筑的主要倡导者，1923年出版了他的名作《走向新建筑》，书中主张创造表现新时代新精神的新建筑，主张建筑走工业化道路。在建筑艺术方面，由于接受立体主义美术的观点，宣扬基本几何形体的审美价值。他认为"住宅是居住的机器"。他的主张在许多他设计的住宅建筑中得以体现。

1926年提出了新建筑的5个特点：① 房屋底层采用独立支柱；② 屋顶花园；③ 自由平面；④ 横向长窗；⑤ 自由的立面。

他的革新思想和独特见解是对学院派建筑思想的有力冲击。这个时期的代表作是萨伏伊别墅（1928~1930年）、巴黎瑞士学生公寓。第二次世界大战后，他的建筑风格有了明显变化，其特征表现在对自由的有机形式的探索和对材料的表现，尤其喜欢表现脱模后不加装修的清水钢筋混凝土，这种风格后被命名为粗野主义（或新粗野主义）。勒·柯布西耶的代表作品有马塞公寓、朗香教堂（图2-50）、昌迪加尔法院等，其中朗香教堂的外部形式和内部神秘性已超出了基督教的范围，恢复到巨石时代的史前墓穴形式，被认为是现代建筑中的精品。勒·柯布西耶又是一个城市规划专家，他从事了大量城市规划的研究和设计，代表作品有印度昌迪加尔规划等。

4. 赖特（Frank Lloyed Wright，1869～1959，美国）

赖特是 20 世纪美国最重要的建筑师之一，在世界上享有盛誉。他设计的许多建筑受到普遍的赞扬，是现代建筑中有价值的瑰宝。赖特对现代建筑有很大的影响，但他的建筑思想和欧洲新建筑运动的代表人物有明显的差别，他走的是一条独特的道路。他以提倡"有机建筑论"而闻名于世，强调建筑与自然相结合。

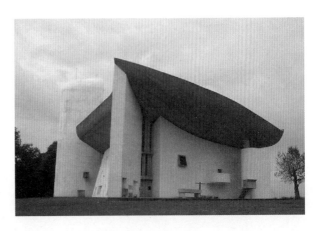

图 2-50　朗香教堂

在 1893 年后的 10 年中，赖特在美国中西部设计了许多小住宅和别墅，形成了草原式住宅的风格，代表作有 1902 年威立茨住宅、罗伯茨住宅，1908 年的罗比住宅等。这些住宅既有美国民间建筑的传统，又突破了封闭性，适合美国中西部草原地带的气候和地广人稀的特点。1904 年设计拉金公司大楼，1915 年设计日本东京帝国饭店，使他获得国际声誉。1936 年赖特设计流水别墅，创造了一种前所未有的动人建筑景象，这座别墅利用地形而悬伸于山林中的瀑布之上，以其体形和材料而与自然环境互相渗透、彼此交融，季节的变幻使其到达奇妙的境界，故而被认为是 20 世纪建筑艺术中的精品之一（图 2-51）。

图 2-51　流水别墅

本 章 小 结

本章对中西方建筑装饰艺术的起源、发展变化作了全面的叙述，尤其对各个历史时期典型的建筑形制、设计风格进行着重讲解，同时还介绍了建筑环境、建筑装饰、室内装潢的材料、技术、方法等相关知识。

思考题与习题

1. 中国古代建筑装饰的基本特点。
2. 西方古代建筑装饰的基本特点。
3. 试列举各个时期的设计流派、设计大师、代表作品及作品特点。

实 践 环 节

通过观看赏析片，分组讨论各时期、各国家的建筑风格特点。

第3章
装饰设计的符号与主题风格

⏩ 学习目标：

1. 理解设计符号的概念，在设计中的表现形式、特性，及它与文化之间的关系。
2. 了解并掌握各种设计风格的特点及在具体案例当中的实际应用。

➔ 学习重点：

1. 设计符号的具象表现形式与文化之间的关系。
2. 各种设计风格的特点。

📖 学习建议：

1. 从大量图片和实际案例当中去分析和掌握设计符号与主题风格。

将收集到的各类图片上的设计手法（元素符号、色彩、材质等）与风格、地域民族文化联系起来，认识和掌握各类设计风格的具体应用特性。

2. 将工程和日常生活中所见之案例与本章内容结合起来进行学习，加深理解和记忆。

3.1 设计符号与形式、文化的关系

符号，可以表现任何一种概念。从某种理念上来说，艺术是情感的符号，绘画是空间的符号等，我们通过符号将情感与物质世界建立联系。建筑设计艺术与其他视觉艺术一样，是个无中生有的过程，在这个过程中，我们作为建筑装饰设计师，建筑装饰的设计符号便出现了。

　　根据符号学的定义，符号在一定程度上可以概括为五大类：①征兆符号——这是一种广义上的符号，或称准符号，其媒介与信息之间有着自然的、有机的联系（如林中起烟表示篝火，水面波动表示有风或有鱼）；②象征符号——这类符号以所传达信息和自身的特征及性质作为符号（如五角星和八一象征中国人民解放军，鸽子图案象征和平）；③感应符号——这类符号以视觉物或听觉物作为信息的载体、作为传递信息的假定的符号（如我国古战场上的击鼓进攻、鸣锣收兵，城市交叉口的红绿灯）；④语言符号——因为语言是音（形）、义结合的统一体，所以它构成交际和信息符号的基本形式，被称为特殊的，也是最重要的符号系统；⑤替代符号——这类符号不是代表事物、现象或概念，而是替代第一性符号，所以也称第二性符号（如数理化中的各种符号、谓词逻辑中的操作关系符号、人造语言等）。

　　设计与符号学关系密切。设计这个词来源于拉丁文的 Design，意思就是画记号。研究和运用符号学的一些原理来帮助设计人员"做记号"，不得不说是从事设计人员的一条重要的途径。

　　符号是负载和传递信息的中介，是认识事物的一种简化手段，表现为有意义的代码和代码系统。当然，符号这一概念的外延相当广泛，设计中的符号作为一种非语言符号，与语言符号有许多共性，使得语意学对设计也有实际的指导作用。通常来说，可以把设计的元素和基本手段看作符号，通过对这些元素的加工与整合，实现传情达意的目的。

3.1.1　初步认识设计符号

　　符号（sign），汉语里又称记号、指号、代码等，从词源上考察，sign 是来自古法语。在日常生活中，符号一般是指代表事物的标记，比如用来代表一个人的姓名和身份，便是符号。

　　设计符号是一种综合交叉的文化表现形式，是能指的物和所指的物二者的结合，它是由具体的物质材料、形体构成的具有抽象性、多义性、相对稳定性的符号。装饰设计通过运用设计符号，达到社会与自然的和谐，同时满足人们生理和心理的需求。装饰设计风格的概念化表达也需要用符号语言概括出来。

1. 设计中符号的特性

　　（1）认知性。设计中，认知性是符号语言的生命。例如，我国的几大银行的标志都采用中国古钱币作为基本型，这正是因为古钱币能够准确地传达金融机构这一信息，具有极强的认知性。

　　（2）普遍性。现代设计是为大工业生产服务的，设计作品会在大众中广泛传播。设计的符号语言只有具备普遍性，才能为大众所接受。符号的普遍性这一特性，在许多公共场所的标牌设计中体现得尤为充分。如公共卫生间的男女标识，相信不论男女老幼，文化深浅，都能够清楚分辨。设计人员常常遇到这种情况，自己花了很大的努力做的设计，却不被客户接受，这时设计者也许会抱怨客户欣赏水平不够，其实有时客户比设计者更了解大众。设计者只有找出让自己、客户、消费者都能理解的设计语言，才能更好地完成设计任务。

　　（3）约束性。任何语言都只在一定范围内被理解，只有具备有关文化背景的人才能接受到该符号所传达的信息。只有符合特定背景的符号才能在这一范围内被接受。比如，德国招贴艺术大师冈特·兰堡的作品中常出现的土豆形象，对于不了解德国的人来说，可能看不懂作品所要表达的意思，只有知道土豆对于德国人的特殊意义，才能够明白设计者对土豆如此钟情的原因。现在"13"只不过是一个很普通的数字。但在中国古代，"13"可是一个了不起的吉祥数字。据《唐书》记载，皇帝上朝的时候所穿的服饰与大臣不同，皇帝的金带上加有 13 个环，以示尊贵。而西方人却比较忌讳数字"13"，他们认为"13"是不幸的象征，是背叛和出卖的同义词（如《最后的晚餐》）。

（4）独特性。符号一般强调"求同"，这样才容易被理解。但是，在设计中"求异"常常是关键。而"求异"的设计往往注重表现形式的独特。因为比较形式和内容，前者绝对是更值得深究的。同样是针对一个主题，我们必须找出与之相关的尽可能多的表现形式，才能创作出与众不同的作品。

2. 符号在设计中的运用

设计中对符号的运用有直接和间接之分。从某些作品中可以直接找到符号性的元素，而在另一些作品中却似乎很难发现符号的存在，但这并不意味着这些设计与符号无关。实际上符号是无处不在的，只是根据需要作用方式不同而已。这里可以分三种情况来考察这个问题。

（1）对符号的直接运用。即作品本身就是以符号的形式出现的。比如标识类设计，由于这类设计以图形为基础，以达意为生命，强调小而精，因此被浓缩得几乎等于符号本身。如北京 2008 奥林匹克运动会申办标志，运用奥运五环色组成五星，相互环扣，象征世界五大洲的和谐、发展。图形好似一个打太极拳的人形，利用中国传统吉祥图案"中国节"，传达出北京奥运这一信息。在这类设计作品中，常常是把几个元素巧妙地组合起来，然后将其简化，得到类似符号的图形，也就是将图形符号化，形成独特的视觉语言。

（2）以符号为基本元素的设计。这里的符号可以理解为具有既定含义的图形或实物。这种手法在招贴设计中运用较多。以"工作是快乐之本"为主题的两幅招贴设计，用标点符号组成笑脸符号，而这种符号在网络上非常流行，观者自然心领神会。

（3）作品中含有符号性的因素。并非所有设计中符号都是明显存在的。相反，大多数设计会以更含蓄的方式传达信息，而符号本身则藏在幕后。换言之，符号可以是一种态度、一种行为方式、一种文化立场等，通过有形的、有效的载体表现出来，而寻找这种载体的过程就是设计。现代都市生活越来越多元化，在城市雕塑中安排那些具有历史感的、为人熟悉的因素，会给人带来平衡感和归宿感。如北京王府井步行街上保留完好的一口老井，深圳世界之窗前人行道上雕塑的匆匆的行人、拍照的游客等具有现代感的雕塑小品。不同城市、不同风格的雕塑带给人不一样的都市情怀，这正是设计师将符号语言融入作品之中的成功典范。

设计是一门综合性的交叉学科，它是沟通联系人—产品—环境—社会—自然的中介，直接影响人的生活方式。设计工作者应该从上述种种方面入手，发掘符号的潜能，将人文、科技、环保等主题融入设计符号中，更多地传达出设计师对社会的关注和对美的追求。

3.1.2 装饰符号与现代室内装饰艺术的关系

随着社会经济与科技的发展，我国室内环境设计正逐步走向成熟。早期由于经济水平较落后，室内装饰设计没有提上议事日程，把墙壁粉刷一下，挂几幅画或者"语录"，摆放一些必需的家具，就构成了简陋的室内环境了。

改革开放以后，特别是 20 世纪 90 年代，社会主义市场经济活跃，建筑作为一个产业也高速发展起来，房地产业不断升温，与之相适应的室内装饰设计也受到重视。

　　室内设计不只是简单的装修，也不仅是一般意义上的美化。室内装饰设计应当充分满足室内空间的性质与用途，并对空间、造型、细节、色彩、艺术陈设等同步进行的综合性整体设计，既满足不同的使用功能，同时又具有特定的艺术形式所反映的审美价值。

　　21 世纪的特征是以信息技术、生物技术等高科技为代表，人们的意识也呈现多元化了，从而更追求个性的表现。室内装饰设计面对时代的发展必须创新，设计要充分表达情感。在高度发展的社会中，共性笼罩着人们的衣、食、住、行。紧张而高速的工作使人们缺乏沟通，情感受到淡化，所以"人性化设计""绿色设计"就是这个时代呼唤情感的体现。作为工作及居住的室内环境必须适应时代的这个特点。

　　室内装饰设计中，为了情感交流，为了营造艺术氛围，经常采取符号性手法进行设计。

　　正如美国美学家苏珊·朗格所讲"一个符号总是以简化的形式来表现它的意义，这正是我们可以把握它的原因。不论一件艺术品（甚至全部艺术活动）是何等的复杂、深奥和丰富，它都远比真实的生活简单。"

　　目前在室内装饰设计中比较流行"场景化"风格，追求营造一种真实的环境，来表达某种艺术理念。但是这种"真实环境"不可能是自然主义的照搬。真实是指艺术的真实，仍然是采用典型化的方法。符号这种简化的形式正是非常适宜表达某种场景之真实的。这是一种经济实用而有创造性的手段，且具有强烈的艺术效果。

　　1983 年，广州白天鹅宾馆的中庭设计，如图 3-1 所示室内热带树的场景造型是有名的"故乡水"主题设计。它把南方典型的青山、碧水、亭阁等结合在一起，营造出一个情景交融、室内外沟通的艺术氛围（图 3-2）。而这青山、碧水、亭阁正是浓缩的视觉符号，加上"故乡水"三个字的点题，便生成清新、自然与和谐的美感，格外令人陶醉。同时又具有传统的地方风格特点。

图 3-1　室内热带树的场景造型　　　　　　　　图 3-2　白天鹅宾馆中庭设计

　　在国外的中国餐馆中，几乎形成公认的中国建筑及造型艺术符号，如琉璃瓦门、红柱、大红灯笼，中国字的匾额及对联，门窗是中国式花窗，家具是明清风格的木家具等。它营造出了中国传统文化的氛围，尽管现在用得已经很公式化了，但在国外的西方环境中，作为商业建筑，它的识别性、它的冲击力仍是很强烈的。

　　在北京有一家海洋饭店，大门采用山东海草铺就，室内灯具是渔民的帽子，墙上挂的是海带组成的装饰。这种以海洋为主题的商业建筑，大量采用了各种与海有联系的符号，构造了大海的气氛。在日益拥挤繁杂的都市环境中，这种设计显得十分宁静、博大、亲切、宜人。

在我国很多城市都有知青饭店、老三届、黑土地等商业建筑，也都是采用了不同地域农村中富有典型意义的符号，如锄头、斗笠、语录、油灯、红枣、玉米、粗木桌等。有的为了营造强烈气氛，甚至把北方的炕、窑洞都极为巧妙地揉进空间设计中（图3-3）。

符号的选用与创造，充分体现设计师艺术功底与素养。任何视觉符号都有一定的文化内涵，它们必须围绕着一个特定的主题有机地结合在一起。在这里视觉符号是一种艺术符号，也是表现性符号。相对推理性符号而言，视觉符号没有自己的体系，只有在一定的情感结构中，才能发挥作用。符号决不能像标签一样乱贴。如南方某地有一宾馆，地处城郊的丘陵地带，宾馆外一片江南春光。在室内环境设计上，一进大门就有一扇石头砌成的流水屏幕墙，墙下是一水池，也很有江南园林味道。但是在水池中摆放的那一座丹麦式的大理石美人鱼雕塑，实在有点煞风景。

符号的使用与创造一定要恰如其分，要与其他造型因素相统一并形成整体。符号的表现物可以是艺术品，也可以是器物，还可以是植物、石头、水。富有创造力的设计师能把生活中有意义的东西变成视觉符号。

色彩与灯光有鲜明的象征、隐喻作用，它们也都是符号。色彩的冷暖、灯光的聚散都可以反映一定的主题，营造一定的气氛（图3-4），这是大家公认的事实。室内环境设计中的艺术品，更具有画龙点睛的符号作用。过去招待所室内一般都挂着的一幅迎客松的国画就是典型符号作用，至于壁画、雕塑都不能孤立地脱离室内环境整体的主题，甚至书法是选用楷书或者狂草都要认真考虑。

图3-3 知青饭店

图3-4 某KTV内部空间设计

总之，装饰设计符号就是对业主要在使用空间中所表达的、能够体现自己价值观、人生观、情趣、亲情关系或者商业特色等的空间氛围的形象化概括。

我们把相应饰物运用到室内，就成为某种风格的装饰元素、装饰符号。符号活动已经包含了某种抽象概念的活动。

装饰符号是一种艺术符号，也是表现性符号。比如祈年殿、故宫、紫禁城等采用了窗檩、唐三彩、楹联、中国山水挂画等（图3-5）。这些由不同意义、不同时代而富有典型意义的装饰符号所营造的环境，使设计变得更亲切，值得去回味。当然室内软装饰风格的不同，要求我们要用不同的装饰元素去充实、完善和强化这种风格，即装饰元素配套。

　　装饰符号要具有一定的象征性，装饰符号的象征性不仅在形式上使人产生视觉联想，更为重要的是能唤起人的联想，进而产生感情，达到情感的共鸣，建筑也因此更具有意义。比如，怀念往日情感、渴望平静生活的乡村风格，则要求室内织物的配套造型、纹理、色彩及表现手法都应围绕"乡村"这一主题展开（图 3-6）。我们可以从乡间野趣中寻找环境艺术设计的主题。将室内环境设计成乡村农舍或小屋的形式。在这种氛围中，室内织物的装饰功能要恰如其分地展示出这个主题思想精髓。在室内环境中使用象征自然景物的窗帘、屏蔽；用印有花草的纺织品衬托木结构的餐桌、餐椅和墙面；还可以用纯棉布的装饰面料制作一些精致的带有花边的床围、桌围等；再在飘窗上放置一篮应时的野花……这组简朴清新的布置，就足以表现出"乡村风情"的主题。

图 3-5　故宫内部装饰

图 3-6　某居室玄关装饰

　　室内环境设计是一个整体，符号化方法只是营造艺术氛围、表现设计思想的一种手段。

3.1.3　设计符号与文化的关系

　　"人文"的概念以及体现。在《现代汉语词典》中，"人文"被解释为人类社会的各种文化现象。这是社会学范畴的"人文"概念。在设计领域，"人文"应展开理解为深厚的文化性内涵以及带有广泛意义的人性化的设计要素。

1. 设计的文化性内涵

　　设计的文化性内涵指设计的"文脉"。"文脉"原意指文学中的上下文的条理关系，其广义的理解一般为一事物在时间或空间上与其他事物的关联。德国著名哲学家和哲学史家恩斯特·卡西尔说："文化的本质是人类通过人造的符号和符号系统在时间或空间中交流传递信息的行为"。在设计领域，"文脉"一词应指设计中文化层次的脉络以及在设计风格中体现的内涵，而不应该仅仅是简单的枚举和篡改，盲目的罗列及拼贴。设计中对文脉的承袭应建立在设计师对历史和文化深刻理解的基础上，运用优秀的组织概括能力，找到最贴切、最符合、最能体现该类型文化的符号语言，通过对美的独特地把握和感知能力借助恰当的表现技法将其传递推广。

美国后现代主义最杰出的设计大师查尔斯·穆尔在新奥尔良设计的"意大利广场"就是通过设计师对历史渊源的理解，通过自己独特的设计语言，运用了现代化的材料，创造了一个令人似曾相识又耳目一新的公共空间——他在广场的细部设计上巧妙地使用了新颖的不锈钢材料包裹上古典主义的爱奥尼式柱头——从而改变了当时人们心中国际风格的单调生硬的形象，使建筑成为更加耐人寻味的艺术品。

在东方，日本由于其独特的民族传统与文化理念，在建筑与室内陈设设计中将深厚的思想内涵和文化底蕴天衣无缝地融合起来，形成了独具风格、自成一派的设计潮流。尤其茶室的设计，更是独具匠心。日本早期的饮茶是为了禅教佛宗的"禅思入定"时保持头脑清醒的需要，因此，茶道的空间便也带上了鲜明的禅宗文化特色，即洁净、美观、单纯的能使人专注的空间。白色或半透明的墙面；狭窄的家具、壁龛以及一幅意境深远的画；一只色泽黝黑的碗或是一瓶线条流畅明快的插花；甚至仅是一套茶具，却无不体现着日本的精神和文化（图3-7）。

图3-7　某居室内茶室设计

由以上可看出，室内陈设设计中的文脉作为意识形态领域的产品，是通过大量的符号（物质世界的以及精神世界的）来向大众传达信息的，而且主要是通过提炼升华的物质世界的符号以精神世界的形式来对室内的特定部位进行再次装饰和设计，借此强化室内的装饰效果和特殊气氛，突出设计的内涵。所谓的文化元素设计符号，是指在特定案例室内设计中"个性品位、基本文化定位与特定文化符号提炼和应用概念"，即对某种特定文化元素的提炼与浓缩后的一种再简约、再深刻、再具代表性的文化元素符号。所以在室内设计中的符号应用，应强调对其文化精华的吸收与提炼，提倡室内设计中浓郁的文化元素与鲜明的时代气息相结合，反对抄袭、照搬或者一味地堆砌，否则都将成为室内设计中的大败笔。

2. 设计的人性化的设计要素

正如美国设计师普罗斯所说："人们总以为设计有三维：美学、技术、经济，然而更重要的是第四维：人性！"。所以，任何设计都应该牢牢地把握人性化第一的原则。室内陈设设计作为室内设计的延续，是产品和空间与其受众——人的关系最直接的体现之处，作为现代设计师，有责任也有义务设计出最适宜的人性化的环境。

现代意义的人性化设计应建立在两个基础上：一是人体工程学，其次是人情化设计。社会发展向后工业社会、信息社会过渡，重视"以人为本"，为人服务，人体工程学强调从人自身出发，在以人为主体的前提下研究人们衣、食、住、行以及一切生活、生产活动中综合分析的新思路。

人体工程学联系到室内装饰设计，其含义为：以人为主体，运用人体计测，生理、心理计测等手段和方法，研究人体结构功能、心理、力学等方面与室内环境和各陈设用品之间的合理协调关系，选择最适合人的身心活动要求的装饰手法，取得最佳的使用效能，其目标应是安全、健康、高效能和舒适（图3-8）。

如果说人体工程学更多的是将人作为一个物理实体看待的话，那人性化设计中的"人情化设计"则完全是将人作为一个感性的灵动的感情载体来看待的。在人体工程学中，也有对人体心理动态的研究，但其立足点在于以物理和数学的形式将人的普遍的精神和生理反应进行测试和量化，取得的是绝对精确和理性的数据，却忽略了人的心理波动与不稳定性以及个体之间的差异与性格，此种方式测量的数据在与使用者面对面时是有很明显的差距的，尤其室内装饰设计与使用者的关系最为密切。

在某种程度上"人情化设计"更接近于近日较为热门的"环境心理学"。但环境心理学是研究环境与人的行为之间相互关系的学科，它着重从心理学和行为学的角度，探讨人与环境的最优化，重视的是人工环境中人们的心理

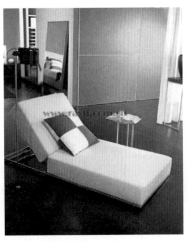

图 3-8　躺椅设计

倾向，主要涉及空间规划和建设的工作，而室内陈设设计的主要任务不是去创建改造环境，而是强化室内气氛，改进人与空间的关系。因此，室内陈设设计中的人情化主要体现在所选家具、用品以及装饰物对使用者应当造成的最恰当、最适度的影响。同时，还要体现设计者乃至整个社会对某些社会问题的关注，比如绿色环保产品及技术的使用，无障碍设计以及生态设计等。

总之，随着社会越来越进步，人类也在不断挖掘自身的规律和内在外在的需求。室内陈设设计作为一门综合多行业的新兴学科，其人文因素会得到越来越多的人的重视。

我们来做这样一个命题，在湖南的张家界做一个酒店设计，我们如何来确定它的主题与风格呢？首先考虑的是该室内空间设计应体现鲜明的地域文化特征。其实在现代的酒店设计中，越是高级宾馆酒店，对地域文化越重视，在酒店星级评定中分数也占得越高，因此在中外文化界流行一个通用原理，既"文化越有民族性就越有国际性"。鲜明的地域文化能营造建筑室内的个性化，香港著名的室内设计师凯勒先生曾说"一个成功的宾馆室内设计，应该重视其地域文化设计，使之给客人一早醒来有个鲜明的地域信号"，可见地域文化元素运用是室内设计中一个重要的手段（图3-9）。

在承接业主私建的民用建筑和公寓住宅的室内设计中，往往由于业主不同的文化修养、宗教信仰和艺术情趣，面对室内设计中的文化元素需求与理解也不同，这就关系到为满足不同业主"个性化文化"需求，文化元素在室内设计中的应用。比如有喜欢中式、

图 3-9　某居室中式风格装饰

欧式、现代式等不同文化风格。在中式风格中，又有喜欢汉风、唐韵、宋味、明式等不同历史时期的文化元素。欧式也有不同国家与不同时期的文化元素，同时包括文化艺术品的陈设，如艺术壁画、挂件、摆设品在内容与形式上除与室内设计和谐，更要重视满足不同业主的文化与审美需求。

3.2 设计符号的创作与形成

设计符号，在一定程度上反映着时代、民族、国家、地域等不同的特征。从中国原始符号到现代装饰符号的演变过程可以看到建筑装饰艺术风格、特点的变化。

3.2.1 符号构成层面的创作

首先，符号的选择和组合是现代装饰设计形态构成、审美学的关键，是决定特色风格设计成败的主要因素。比如：一套完美的中式家居作品，它首先应该具有深厚的文化底蕴，从材料、色彩、传统文化等各方面去考虑，而不是符号的堆砌和任意拼凑。创造符号固然重要，但仅有好的符号而无好的选择和组合仍无法得到完美的整体效果。因此，研究符号之间的构成关系及组织形式极为重要。在现代装饰设计上，应该利用符号构成学中形式结构的生成方法，研究构成的形式要素及其组织规则。

作品中符号的来源主要有以下三种途径：

（1）对历史文化资源的吸收、借鉴。对历史文化资源的开发和利用，首先从符号的选择、创造开始，一个关键性的符号有时可以成为整个语言系统的主题，成为开放一种设计语言的重要线索。木质窗格、挂落、明清家具（图3-10）、客厅挂画（书画）形式体现了民族风格的气派，它是现代的，同时也是传统的，浸润着中华民族文化的精髓。

图 3-10 某居室中式客厅设计

作品中符号的来源是多方面的，并没有多少严格的限制，只要不违反构造上的逻辑和整体风格上的一致性，无论是来自明清时期家具或建筑的构造，还是古代的文物、图案，都可以成为词汇的母体或参照物。

（2）对民俗生活和自然现象的观察。符号的生成除了吸收借鉴历史文化资源外，另一条途径就是通过对生活和自然现象的观察，从中获取灵感，运用联想、类比、隐喻等手法。作为思考问题的方法——联想、类比、隐喻并不看重形式的外在特征，换句话说，它的目的并不在于从某一具体的形象中抽象、提炼出另外的形象，而是对事物进行符号化的过程，把生活和自然中的某些现象作为一个可以赋予意义的符号，使它从个别的、零散的事物上升为具有提示意义功能的形式符号。

（3）用抽象的几何词汇构成亮点设计（图3-11）。现

图 3-11 某 KTV 门头设计

代设计风格中，我们采用重复的几何形式加以组合，形式上比较规范。

其次，设计符号是设计中最根本的因素，从某种程度上可将其视为本来的实质，它深潜于千变万化的形式之中。各种形式的生成除了受到建造水平、材料及其他因素的制约，还受社会文化因素的影响。功能、文化、环境、物质技术这四个方面是导致和制约装饰形式产生的根本原因，主要表现在以下三方面：

1）对于现代装饰设计而言，要更加的人性化、合理化，不仅要在形式上体现传统的韵味，还必须要在功能上满足人的使用要求。不但要运用人体工程学的原理，增强其舒适性，还应增加形式的种类、美感。

2）在文化与环境方面，应吸收传统文化的内涵将其运用到现代的设计语言环境中来。为了使得装饰设计在有传统文化精神的同时，还能够体现出现代主义的风格特征，这就需要将传统文化更好地融入到现代社会的环境中来。环境构成了语言的情境，它使人们有可能从各种已经存在的线索中解读形式的意义，并提示人们如何恰当地做出反应。因此，装饰设计实际上就是创造一个由不同类型的环境因素构成的形式系统，它既传递功能上的意义，也传递着文化上的意义。

3）物质技术上应当体现现代的生产方式，也就是体现现代的材料、结构、工艺上的审美。对于现代装饰设计并不一定要选择传统的装饰材料，应该注意到新材料的产生，并将它融入到设计中来。现代设计在满足功能的同时，还需要考虑结构、材料的审美属性。

3.2.2　符号意义层面的室内装饰的创作

装饰设计，设计的形式、空间等在符号意义层面上就是要探讨室内装饰符号的形式与意义的关系。在语义的创作上，应该解决好传统文化思想与现代设计理念的关系。可以运用现代设计中出现的新材料、新技术、新结构这些手段，来表达传统文化思想。总而言之，现代装饰设计的语义应该体现出"情表于里，形表于外"。下面以皮尔斯归纳的图像、指示、象征符号来说明符号创作的类型。

（1）图像性符号的创作。比如，对于中式家居图像性的符号，可以从古代宫殿建筑、民居文化艺术中去借鉴，仿造明清建筑一些图像性信息，如门、窗的形象等。还可以从传统民俗生活中的用品提取一些图像符号，如灯笼等。图像性符号的作用主要是用来给人以视觉上的感受，感受符号之间的组合形式，从而在人的大脑中反映出符号与传统文化的关联性。

（2）指示性符号的创作。构成空间本身形式的构件，都可以将其归为指示性符号。比如中式外装饰构件形式，大多都是从古建筑的某些部位中得以借鉴。那么对于现代家居装饰而言，我们也可以从现代的建筑中借鉴一些符号图像，或者说借鉴它的构件之间表现形式。

（3）象征性符号的创作。象征通常是指用具体事物或直接表象表示某种概念、思想情感或意义。象征这个特点告诉我们不能把装饰当作概念图解，直接把古典的象征符号不加提炼地生硬搬上中式装饰装修上来，类似过去贴标签的做法，滥用构件形式把符号降低到信号的水平。装饰符号有它自身的特点，各种造型都是有形实体，也是抽象物，传达意义是非常隐晦的，它的表达往往需要约定俗成的提示。材料也是一种象征性符号，对于现代中式装饰装修设计，在大量新型材料的出现和工业制造技术的发展的设计语境下，一方面可以利用新材料、新的结构形式来象征现代设计的设计思潮；另一方面在形式上借鉴古建筑的构件符号形式的结合规律，这两方面的结合并不矛盾。

3.3　符号与建筑装饰设计风格

装饰设计风格是设计的灵魂，而风格的主要种类分为：东方和西方传统风格、现代主义（国际式）、后现代主义、田园风格以及混合型风格等。东方传统风格一般以中国明清传统风格、日本明治时期风格、南亚伊斯兰国家的风格为主要风格。西方风格中主要以欧洲早期的罗马式、哥德式，中世纪以巴洛克式、洛可可式为代表以及19世纪的新古典主义等。现代主义强调使用功能以及造型简洁化和单纯化；后现代主义强调室内装饰效果，推崇多样化，反对简单化和模式化，追求色彩特色和室内意境。

任何优秀的艺术作品都有其独有的面貌和品质，而这种面貌和品质往往通过细部表现出来，所以细部是所有优秀艺术作品的重要组成部分。只有有了细部，一件作品才可能完整，才可能给人留下鲜活而深刻的印象，才可能表现出艺术创作的神韵。建筑装饰设计从造型艺术的角度讲也不例外，精心设计的细部能烘托整体环境的氛围，并赋予整体环境以性格特征。环境中的细部虽包含在整体环境之中，但整体环境的设计并不就是细部的简单相加，它是按形式美的规律精心组织起来的，是有主次之分的有序形态，是艺术作品意与匠的体现。

3.3.1　传统风格

传统风格的设计，是在空间的布置、线形、色调以及家具、陈设的造型等方面，吸取传统装饰"形""神"的特征。可分为西方传统风格与东方传统风格。

1. 西方传统风格

西方传统风格具有欧式古典的浪漫，却又不被高贵的烦琐束缚；简约的干练，又典雅，是欧洲文艺复兴时期的产物，继承了巴洛克风格中豪华、动感、多变的视觉效果，也吸取了洛可可风格中唯美、律动的细节处理元素，受到了社会上层人士的青睐。特别是古典风格中，深沉里显露尊贵、典雅浸透豪华的设计哲学，也成为这些成功人士享受快乐，理念生活的一种写照。古典风格在设计时强调空间的独立性，配线的选择要比新古典复杂得多。因为，古典风格在材料选择、施工、配饰方面的投入比较高，所以更适合在较大别墅、宾馆、酒店中使用。

新古典主义以尊重自然、追求真实、复兴古代的艺术形式为宗旨，特别是古希腊、古罗马文明鼎盛期的作品，或庄严肃穆，或典雅优美，但不照抄古典主义并以摒弃抽象、绝对的审美概念和贫乏的艺术形象而区别于16世纪、17世纪传统的古典主义。新古典主义风格还将家具、石雕等带进了室内陈设和装饰之中，拉毛粉饰、大理石的运用，使室内装饰更讲究材质的变化和空间的整体性。家具的线形变直，不再是圆曲的洛可可样式，装饰以青铜饰面采用扇形、叶板、玫瑰花饰、人面狮身像等。新古典主义的设计风格其实就是经过改良的古典主义风格。一方面保留了材质、色彩的大致风格，仍然可以很强烈地感受传统的历史痕迹与浑厚的文化底蕴，同时又摒弃了过于复杂的肌理和装饰，简化了线条。将怀古的浪漫情怀与现代人对生活的需求相结合，兼容华贵典雅与时尚现代，反映出后工业时代个性化的美学观念和文化品位。可以这样理解，不同时期都有不同的"新古典主义"（图3-12、图3-13）。

图 3-12　巴洛克风格的空间和家具

图 3-13　新洛可可风格的空间和家具

2. 东方传统风格

新中式古典风格是东方传统风格的典型代表，新中式古典风格在设计上继承了唐代、明清时期设计理念的精华，将其中的经典元素提炼并加以丰富，同时改变原有空间布局中等级、尊卑等封建思想，空间不失庄重、大气。空间之间的关系更讲究空间的借鉴和渗透，非常讲究空间的层次，喜用隔扇、屏风来分割空间。新中式风格更多地利用了后现代手法，把传统的结构形式通过重新设计组合以另一种民族特色的标志符号出现。例如，厅里摆一套明清式的红木家具，墙上挂一幅中国山水画等，传统的书房里自然少不了书柜、书案以及文房四宝。室内空间中也常常用到沙发，但颜色仍然协调，体现着中式的古朴，这种表现使整个空间，传统中透着现代，现代中揉着古典。这样就以一种东方人的"留白"美学观念控制的节奏，表达对清雅含蓄、端庄丰华的东方式精神境界的追求。

新中式古典风格的构成符号主要体现在传统家具（多以明清家具为主）、装饰品以及以黑、红为主的装饰色彩上。室内多采用对称式的布局方式，格调高雅，造型简朴优美，色彩浓重而成熟。中国传统室内陈设包括字画、匾幅、挂屏、盆景、瓷器、古玩、屏风、博古架等，中国传统室内装饰艺术的特点是总体布局对称均衡，端正稳健，而在装饰细节上崇尚自然情趣，花鸟、鱼虫等精雕细琢，富于变化，充分体现出中国传统美学精神（图 3-14、图 3-15）。

图 3-14　新中式分隔的书房

图 3-15　新中式古典风格的空间

3.3.2   现代主义风格

现代主义风格起源于 1919 年成立的鲍豪斯学派，该学派在当时的历史背景下，强调突破旧传统，创造新建筑，重视功能和空间组织，注意发挥结构构成本身的形式美，造型简洁，反对多余装饰，崇尚合理的构成工艺，尊重材料的性能，讲究材料自身的质地和色彩的配置效果，发展了非传统的以功能布局为依据的不对称的构图手法。鲍豪斯学派重视实际的工艺制作，强调设计与工业生产的联系。

现代主义风格是现代装饰艺术将现代抽象艺术的创作思想及其成果引入装饰设计中的一种设计风格。现代主义风格极力反对旧的样式，力求创造出适应工业时代精神，独具新意的简化装饰，设计简朴、通俗、清新，更接近人们生活。

现代主义的意义与价值在于它是现代设计的开端，在现代主义之后的几乎所有思潮与流派，都与其有着内在及密切的联系，它们或是对现代主义的发展、补充、丰富，或是在批判现代主义基础上的演化、超越，在设计手法上与视觉样式上也产生许多共同倾向。现代主义成为其他思潮与流派的源头，是它们孕育与演化的起跑线。现代主义风格极力主张从功能观点出发，着重发挥形式美，多采用最新工艺与科技生产的材料与家具。其突出的特点是简洁、实用、美观，兼具个性化展现（图 3-16、图 3-17）。

图 3-16   某室内餐厅与楼梯过道设计

图 3-17   现代简约的室内

3.3.3   后现代主义风格

后现代主义一词最早出现在西班牙作家德·奥尼斯 1934 年的《西班牙与西班牙语类诗选》一书中，用来描述现代主义内部发生的逆动，特别有一种现代主义纯理性的逆反心理，即为后现代主义风格。20 世纪 50 年代的美国在所谓现代主义衰落的情况下，也逐渐形成后现代主义的文化思潮。受 20 世纪 60 年代兴起的大众艺术的影响，后现代主义风格是对现代主义风格中纯理性主义倾向的批判，后现代主义风格强调建筑及室内装潢应具有历史的延续性，但又不拘泥于传统的逻辑思维方式，探索创新造型手法，讲究人情味，常在室内设置夸张、变形的柱式和断裂的拱券，或把古典构件的抽象形式以新的手法组合在一起，即采用非传统的混合、叠加、错位、裂变等手法和象征、隐喻等手段，以期创造一种融感性与理性、集传统与现代、揉大众与行家于一体的即"亦此亦彼"的建筑形象与室内环境。对后现代主义风格不能仅仅以所看到的视觉形象来评价，需要我们透过形象从设计思想来分析。

　　后现代主义的建筑与室内设计，追求一种文化媒体的传播，寻求时间的流逝与历史的价值；强调室内的复杂性与矛盾性，反对简单化、模式化；讲究历史文化蕴意，追求人情味，从地域历史出发，以及从地区文化、传统文化出发，创造使人有一种归属感的环境，这种历史主题与现代感的融合真正体现了大众的风格（图 3-18～图 3-20）。后现代主义崇尚隐喻与象征的表现，尤其室内设置的家具、陈设艺术品等往往突出隐喻的意义；提倡空间—时间的新概念，以"多层空间"扩展视野的空间；它们的仿古不是直接的复古，而是采用古典主义的精神、仿古典的技术，寻找新的设计语言，大胆运用装饰色彩，追求人们喜欢的古典的精神与文化；在造型设计的构图中吸收其他艺术和自然科学的概念，如夸张、片断、折射、裂变、变形等；也用非传统的方法来运用传统，刻意制造各种矛盾，如断裂、错位、扭曲、矛盾共处等，把传统的构件组合在新的情景中，让人产生复杂的联想，目的是创造有意义的环境。

a)　　　　　　　　　　　　　　　b)

图 3-18　美国加利福尼亚艾米斯住宅内景

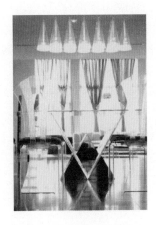

图 3-19　某休闲室内景

图 3-20　某室内景

3.3.4　田园风格

田园风格倡导"回归自然"，美学上推崇自然、结合自然，才能在当今高科技、高节奏的社会生活中，使人们能取得生理和心理的平衡。因此室内多用木料、织物、石材等天然材料，显示材料的纹理。此外，由于其宗旨和手法的类同，也可把田园风格归入自然风格一类。田园风格在室内环境中力求表现悠闲、舒畅、自然的田园生活情趣，常运用天然木、石、藤、竹等材质质朴的纹理，同时，巧妙地设置室内绿化，创造自然、简朴、高雅的氛围。

如图 3-21 所示的维拉·玛利亚住宅位于芬兰伽而尔保附近的努而玛库，建于 1938～1939 年。对各类建筑材料的灵活运用是这座住宅的最大特色，在现代家居设计中是一件经典的范例。住宅的设计者为著名的设计大师阿尔瓦。

图 3-21　维拉·玛利亚住宅室内装修

这其中还有东南亚风格，取材天然，清凉舒适，木、藤、竹成为首选材质，设计手法融合中西之美。色彩方面，采用中式风格设计的东南亚家具以深色系为主，例如深棕色、黑色等，令人感觉沉稳大气；受到西式设计风格影响的则以浅色系较为常见，如珍珠色、奶白色等，给人轻柔的感觉，而材料则多经过加工染色的过程或搭配艳丽的布艺。

美式乡村风格突出了生活的舒适和自由，不论是感觉笨重的家具，还是带有岁月沧桑的配饰，都在告诉人们这一点。特别是在墙面色彩选择上，自然、怀旧、散发着浓郁泥土芬芳的色彩是美式乡村风格的典型特征。美式乡村风格的色彩以自然色调为主，绿色、土褐色最为常见；墙纸多为纯纸浆质地；家具颜色多仿旧漆，式样厚重；设计中多有地中海样式的拱。

3.3.5　混合风格

近年来，建筑设计和室内设计在总体上呈现多元化，兼容并蓄的状况。室内布置中也有既趋于现代实用，又吸取传统的特征，在装潢与陈设中融古今中外于一体，例如传统的屏风、摆设和茶几，配以现代风格的墙面及门窗装修、新型的沙发；欧式古典的琉璃灯具和壁面装饰，配以东方传统的家具和埃及的陈设、小品等。混合型风格虽然在设计中不拘一格，运用多种体例，但设计中仍然需要匠心独具，深入推敲形体、色彩、材质等方面的总体构图和视觉效果。如图 3-22 所示为艺术的质感、东欧风情的凸现、房屋的整体色调偏暖，带给人一种舒适怡人的幸福感。毫无疑问，现代与时尚成为此装饰的主题，简洁的线条，流畅的空间划分使装饰效果达到一个完美的高度。

　　综上所述，我们可以看出建筑装饰设计的每一种设计的风格都有其独特的设计表现符号体系，掌握符号与设计的关系，这对我们每一个设计师来说，都是至关重要的。

图 3-22　混合风格的客厅

本 章 小 结

　　本章从设计符号形式与文化的关系为切入点，用相关的图片来阐述设计符号与设计风格之间的关系，以及各种设计风格的特点及相关符号的具体运用。

思考题与习题

1. 什么是装饰设计符号？设计符号与文化之间有什么关系？
2. 设计风格基本可以分为哪几类？
3. 当代的设计潮流是什么？

实 践 环 节

1. 学生根据老师提供的室内原始结构图，结合所学知识（设计符号，设计风格），做一主题风格的室内快题方案设计，完成后分组讨论方案的优、缺点，并选出最佳方案。
2. 参看教材第 10 章任务书（二）布置的课程作业。

第4章
装饰设计与形态构成

➤➤ 学习目标：

培养学生对形态的审美能力，对造型的创造能力，使学生具备设计师的基本素质之一。

➔ 学习重点：

对形态构成的理解和分析，通过形态构成具体的操作过程，认识造型的基本规律，达到在一定条件下能够进行"造型设计"的目的。

深刻理解关于形态构成的"抽象"和"创造性"的思维方法在设计中的运用。

📖 学习建议：

1. 掌握形态构成的知识，含形态构成的基本要素、基本方法、形式美的法则等。
2. 掌握形态构成在装饰设计中的设计思维方法。
3. 通过解析建筑装饰设计的实际案例，学习构成设计的设计思维方法。
4. 通过小型设计课题的练习，学习运用形态构成的手法进行空间的装饰设计。

4.1 形态构成的基本元素

自然界中的形态千变万化，形态的构成方式也多种多样，但并非所有的形态都能引起我们的审美兴趣，这就要求我们对万物复杂的形式进行简化、分解、归纳和总结。一是研究形态构成的自身规律，二是找出符合审美要求的形态构成的原则，即通过研究形态构成的造型问题从而发现、挖掘并培养我们的造型能力，在前人总结的一些审美原则的经验中去认识、掌握和创造。

形态构成是造型艺术设计的方法之一。简单地讲，构成是一种造型设计方法，它包括概念元素、视觉元素以及关系元素等。构成的概念元素为点、线、面、体；视觉元素则包括形状、色彩、肌理、数量；关系元素则指方向、位置、空间及重心等。构成的法则包括整体、比例、平衡、韵律、反复、对比、协调等。在建筑装饰设计中，造型设计能力是非常重要的，装饰设计涉及空间、色彩、界面等很多方面，但最终都要落实到由造型设计来完成。学习构成可以培养设计师的创造力和基础造型能力，为建筑装饰设计打好基础。

任何复杂的形都可以分解为简单的基本形的组合，而基本形是由形的基本要素构成的，形的基本要素是构成的"原始材料"，可表示为基本要素→基本形→新形。为研究方便，将基本要素分为概念要素和视觉要素。

1. 点

（1）点的概念。点是最基本的构成单位，没有量度，它在空间中只表明一个位置。点是相对较小而集中的元素，点有集中视线，紧缩空间，引起注意的功能。在造型活动中，点常用来表现强调和节奏。点最重要的功能就是表明位置和进行聚集，一个点在平面上，与其他元素相比，是最容易吸引人的视线的。点是最基本和最重要的元素，一个较小的元素在一幅图中或者两个以上的非线元素如果同时出现在一个图中，我们都可以将其视为点。如图4-1、图4-2所示充分展示了点在空间设计中的运用。

图 4-1　顶棚的筒灯可以看成构成设计的点　　　　图 4-2　点在空间设计中的运用

（2）点的空间位置。点是力的中心，具有构成重点的作用，并以场的形势控制其周围的空间。空间中的两点可以确定一条线。点构成的线拥有线的优势，又有点的特征，是用得较多的设计方式。空间居中的一点，能引起视知觉稳定集中。当点的位置移到上方的一侧，会产生向下的跌落感，形成强烈的不安感。当点移至下方中点，会产生踏实的安定感。点移至左下或右下时，便会在踏实安定之中增加动感。点在画面中有平衡构图的重要意义，以点形成画面中心是常用的造型手法。如图4-3所示就说明了点在平面构成中的某些特点。

（3）点与点的关系。点的位置不同，给人的稳定感觉不同，视觉产生由小到大的移动感。较近距离放置的两个点，由于张力产生线的点吸引，使视觉产生由小向大的移动感。近距离散置的点引起面的感觉，产生形和肌理的联想。点的近距离放置易于产生聚的效果。点的横向有序排列，产生连续和间断的节奏感，横向扩散的效果。画面中点的有序配置有助于

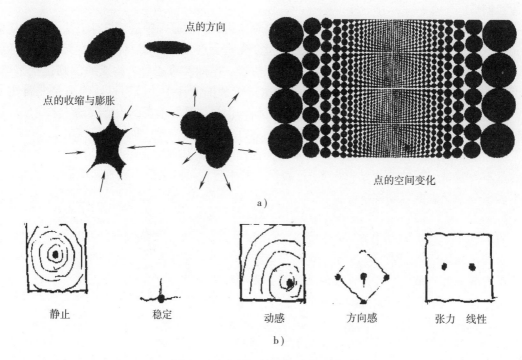

a)

静止　　　稳定　　　动感　　　方向感　　　张力　线性

b)

图 4-3　点在平面构成中的相关特点

增强节奏感。点的放置距离越大越易分离，产生散的效果。点的遥相呼应能有效地引导视线，加强画面的整体感。

（4）点的空间变化。由大到小渐变排列的点，产生由强到弱的运动感，同时使空间变得深远，能加强空间变化，如图 4-2 所示点的排列产生的空间感觉。大小不同的点自由放置，也能产生远近的空间效果。

（5）点在空间环境中的运用。空间环境中处处可见"点"的存在。一方面，家具和实物体，如一部电话、一瓶香水或者一点灯光是"点"；另一方面，在界面中，点得到比其他艺术形式更多的重合结果——它既是空间转角的角点，又是这些面的起点。面直接引出点并由点向外延伸。空间中点的位置，决定了各界面的位置。如图 4-4、图 4-5 所示，点在室内装饰设计当中的具体运用。

2. 线

线即相对细长的形。线有位置、长度和方向，线有各种形状并各具特点。从造型意义上看，线是最富个性和活力的要素。线有宽窄、长短的不同，也有方向及韵律感。不同的线给人不同的感觉。在平面造型中，线被广泛地用于表现形体结构，不同线型自身的变化，以及线的多种组织方法，赋予作品多样化的艺术风格。与点强调位置与聚集不同，线更强调方向与外形。

（1）线的概念。点的运动轨迹，是细长的线。线是具有位置、方向和长度的一种几何体，可以把它理解为点运动后形成的。

（2）线的特征。线是最富个性和活力的要素，不同的线给人不同的感觉。如不同的线条可以产生方向感、平衡感、重力感、稳定感、运动和张力感等不同的感受。

图 4-4　某大厅的室内装饰设计点线面构成的运用

直线具有男性的特征，它有力度，给人相对稳定的感觉。平面设计作品中，直线的适当运用对于作品来说，有标准、现代、稳定的感觉，我们常常会运用直线来对不够标准化的设计进行纠正。直线又分为水平线、垂直线和斜线。水平线：水平的直线容易使人联想到地平线，产生平稳、安定、广阔、无垠的感觉，水平线的组织产生横向扩张感。垂直线：垂直线给视觉以直接、明确的印象，最重要的特性是强烈的上升与下落趋势。斜线：斜线的态势造成不安全感，同时产生斜向上升或下降的动感。斜线不同方向的态势，具有不同的性格表征。右上升的情况下，有积极稳定的方面；右下降时则是消极的。

图 4-5　点在这个空间中的运用包括顶棚的灯饰以及空间的装饰性陈设

曲线具有女性化的特点，具有柔软、优雅的感觉。曲线的整齐排列会使人感觉流畅，让人想象到头发、羽絮、流水等，有强烈的心理暗示作用，而曲线的不整齐排列会使人感觉混乱、无序以及自由（图 4-6）。

平稳　　重力　　运动和方向　　张力　　运动和优雅　　封闭　　不安

图 4-6　线的特征

（3）线的错视。在某种特定的条件下，线会让人产生一些错视，如图4-7中的几个例子。设计师必须了解并掌握线的错视，才能在形态构成创作中合理处理。

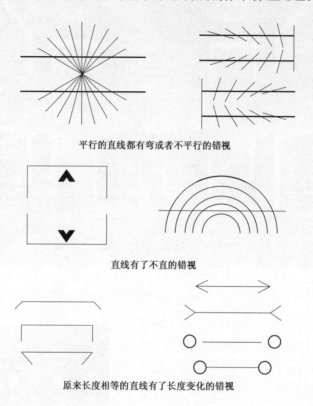

平行的直线都有弯或者不平行的错视

直线有了不直的错视

原来长度相等的直线有了长度变化的错视

图 4-7　线的错视

（4）线的排列。按视觉习惯，将直线、曲线、波纹线或粗细不匀的线进行平行、交错、疏密不匀、相切、放射等方式的排列，可以产生动感、立体感等艺术效果，如图4-8所示。线由疏密变化地排列产生空间感，密则远、疏则近。线的紧密排列产生面的感觉，曲线和折线反复使用，可造成凹凸的画面效果。线的交织有如乐声的共鸣，使画面的表现力得到充分发挥。如图4-9所示，线的不同的排列方式产生了不同的效果。

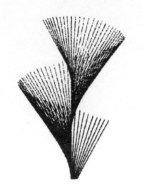

线方向渐变产生空间韵律感

平行排列的线产生的面和体

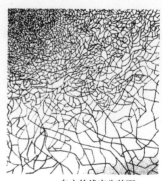

自由的线产生的面

图 4-8　线的排列

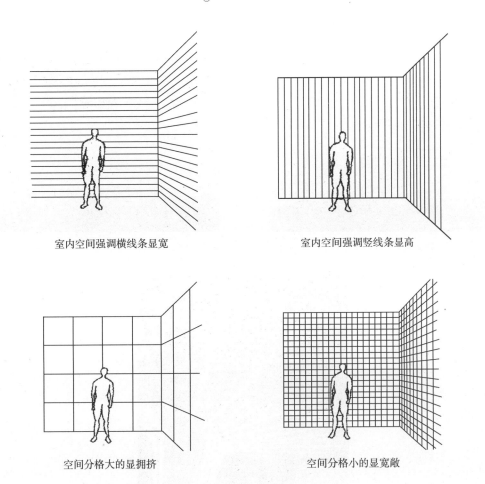

室内空间强调横线条显宽　　　　　　室内空间强调竖线条显高

空间分格大的显拥挤　　　　　　　空间分格小的显宽敞

图 4-9　线的不同排列方式形成的不同构成效果

（5）线的交叠。如果将两组排列的线交叠，会使情况变得更加复杂，能够产生出比排列线更加丰富多彩的视觉效果，如图 4-10 所示。

a）

b）

图 4-10　建筑设计中线的排列产生的体块感

（6）线在建筑装饰设计中的运用，如图4-11～图4-14所示。

图4-11 店面装饰设计中线的排列产生的面化感觉

图4-12 墙面线的排列产生的面化感觉

图4-13 线条为空间构成的主要元素的室内空间设计

a）

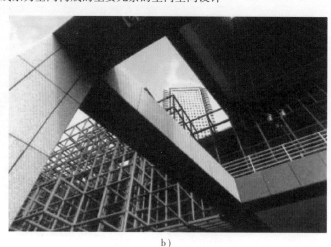

b）

图4-14 曲线和直线运用在装饰设计中产生不同心理感受

3. 面

（1）面的概念。面是二维的，线移动的轨迹或围合体形成面，面有直面、曲面两种，是构成空间的基本要素。

（2）面的特征。与点相比，它是一个平面中相对较大的元素，点强调位置关系，面更强调形状和面积。点和面之间没有绝对的区分，在需要位置关系更多的时候，我们把它称为点，在需要强调形状面积的时候，我们把它看为面（图 4-15）。

图 4-15 规则的面构成的室内空间设计

面有虚与实之分，实面即二维和三维中实在的面；虚面即平面构成的"底"经过图底反转可视为虚面。面的虚与实在限定空间的围合中有封闭和开放的感觉。

面和点、线一样，具有多种形态的属性。它包括：

1）几何性的面，即由数学方式构成的面。

2）有机性的面，即由自由曲线构成的面。

3）直线性的面，即由直线随意构成的面。

4）偶然性的面，即偶然获得的面。

5）不规则的面，即由线随意构成的面。

（3）面的空间限定

1）垂直限定，如图 4-16 所示。

2）水平限定，如图 4-17 所示。

3）综合限定，如图 4-18 所示。

（4）面的性质。以面自身的虚、实的因素为参照，可将面分作积极的面和消极的面。

消极的面：内部面形不充实，或外轮廓未封闭的面均为消极的面。点和线的平面聚集、组织均可产生消极的面。有趋合倾向而非完全封闭的图形也是消极的面。消极的面有发散和

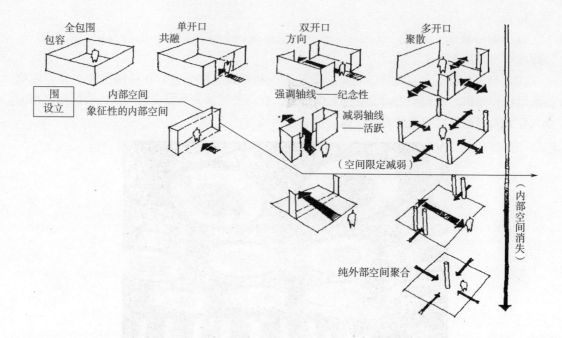

图 4-16　面的垂直限定

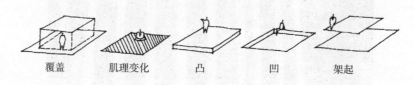

图 4-17　面的水平限定

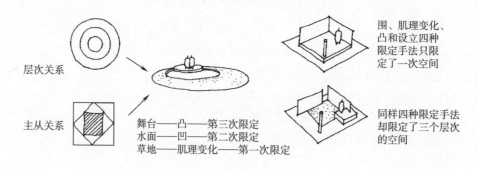

图 4-18　面的综合限定

开放的性质，因而在造型上有着转化的更大可能性。

积极的面：以封闭的实体为特征的面为积极的面。积极的面既有明确的外形轮廓，又有统一充实的内部面形，因而画面明确且富于力度。如图4-19所示为积极的面与消极的面构成的厨房设计。

点、线、面的存在并不是孤立的，它们之间在一定的条件下是可以相互转化的。例如墙面的装饰画在我们近距离观赏的时候，它是面的感觉；但是当我们离开一定距离，把它和大

图 4-19　积极的面与消极的面构成的厨房设计

面积的墙面结合起来看的时候，它变成了画面当中的点的感觉。所以点和面的概念也是相对的，这样的例子在构成设计中比比皆是。如图 4-20 所示为点、线、面相互转化的示意图。

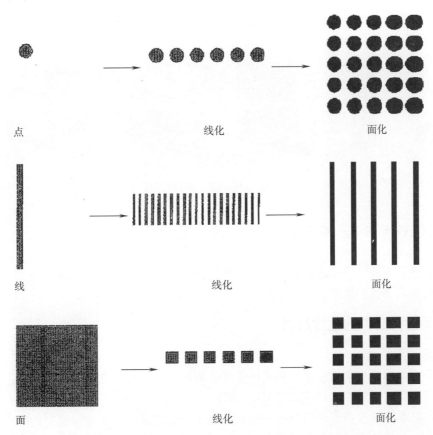

图 4-20　点、线、面及相互转化

4. 体

（1）体的概念。由面的位移或旋转而成，建筑造型本质上是体的造型，是三维的，具有充实的体量感和重量感。可分为块体、面体和线体。常用体包括：方体、棱柱体、锥体、圆柱体、球体。

（2）体的特征。

1）建筑形态的基本形式是规则的几何体，几何体准确规范，符合基本的数字规律。

2）几何体简洁、纯粹，具有雄壮的美感。

3）体量感是体表达的根本特征。体量是实力和存在的标志。

4）形体表面的质地，色彩对体量的表达也有一定的影响，不同的质地和色彩会引起不同的量感联想。如：雄伟、庄严、轻松、亲切。

5）由于体的长、宽、高的比例不同给我们带来不同感受。体包括各种形态：

实体：完全充实的体，或至少表面的感观如此。

点化的体：当体的长、宽、高比例大致相当时，并且与周围的环境相比较小时，体就被视为点。

线化的体：当体的长度比较大时可视为线体；大量的线体集中时也能变成体，比如建筑中束柱的处理就是如此。

面化的体：当体的形状较扁时，就可以视为面体。

点、线、面、体在一定的条件下是可以相互转化的，如图4-21所示。

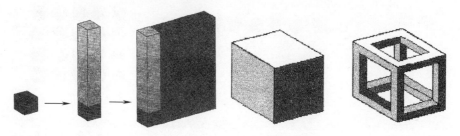

图4-21 点、线、面、体的相互转化

4.2 形态构成的基本方法

造型的基本方法反映了形体之间的"结构"方式，是我们进行造型的"工具"，熟练掌握这些方法是培养我们造型能力所必需的。

4.2.1 平面构成中的主要方法

1. 重复构成形式

以一个基本单形为主体在基本格式内重复排列，排列时可作方向、位置变化，具有很强的形式美感。如图4-22所示为两种骨架的类型。

骨格与基本形具有重复性质的构成形式，称为重复构成。在这种构成中，组成骨格的水平线和垂直线都必须是相等比例的重复组成，骨格线也可是等比例的重复。如图4-23所示为对基本形的要求，可以在骨格内重复排列，也可有方向、位置的变动，填色时还可以"正""负"互换，但基本形超出骨格的部分必须切除。

骨架的具体形式分为网格式和线型式两种。网格式又分为平面式和空间式；线型式又分为直线式和曲线式（图4-24）。

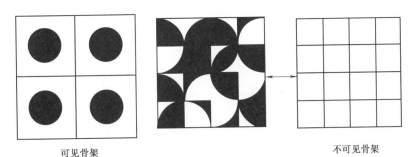

可见骨架　　　　　　　　　　　　　　不可见骨架

图 4-22　两种骨架的类型

图 4-23　利用基本形重复构成的室内空间

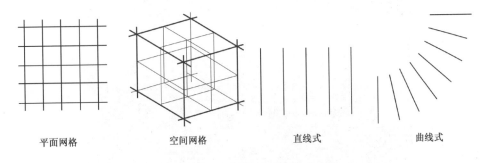

平面网格　　　　　空间网格　　　　　直线式　　　　　曲线式

图 4-24　骨架的具体形式

　　基本形也可以采用渐变构成形式（把基本形体按大小、方向、虚实、色彩等关系进行渐次变化、排列的构成形式），骨格与基本形具有渐次变化性质的构成形式，称为渐变构成。所以渐变构成有两种形式：一是通过变动骨格的水平线、垂直线的疏密比例取得渐变效果；二是通过基本形的有秩序、有规律、循序的无限变动（如迁移、方向、大小、位置等变动）而取得渐变效果。

2. 聚集法的构成形式

　　聚集法的构成形式主要有密集构成和发射构成两种。

密集构成是指比较自由的构成形式，基本单元之间通过聚集，将形同或者相似的联系起来，形成新形。基本形的密集，需有一定的数量、方向的移动变化，常带有从集中到消失的渐移现象。此外，为了加强密集构成的视觉效果，也可以使基本形之间产生复叠、重叠和透叠等变化，以加强构成中基本形的空间感。密集构成具体有以下几种形式（图4-25）：

（1）向心—发散式：自由式、规则式。

（2）集中式（聚集式）：如树状结构。

规则向心发散　　　　　自由向心发散　　　　　集中式

图4-25　密集构成的形式

发射构成形式是格线和基本形呈发射状的构成形式。此种类的构成，是骨格线和基本形用离心式、向心式、同心式以及几种发射形式相叠而组成的。其中，发射状骨格可以不纳入基本形而单独组成发射构成；发射状基本形也可以不纳入发射骨格而自行组成较大单元的发射构成，如图4-26所示。

图4-26　发射构成在室内装饰设计中的运用

3. 分割类构成

这一类构成方法是通过对原形进行分割及分割后的处理，分割产生的部分称为子形，子形重新组合后形成新形。这里指的原形可以是简单的形体，也可以是复杂的形体。具体有如下几种方法：

（1）等形分割。等形分割是指分割后的子形相同。这样的方法也可以从单元法的角度去理解。等形分割之后，由于子形相同，很容易协调相互关系，因此有较大的处理余地，如何处理子形是造型的关键步骤。如图4-27所示为平面和立体的等形分割图示。

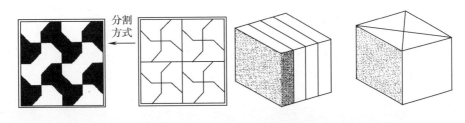

图 4-27　平面和立体的等形分割图示

（2）等量分割。分割后的子形体量、面积大致相当，而形状却不一样。由于这种分割产生的子形的形状相异，不易协调，在后期处理时，如能充分考虑原形对子形的作用，使之具有一定的完形感，那么子形之间就容易统一起来。

（3）比例——数列分割。自古以来人们就追求优美的数字关系，人们相信和谐的形式后面一定有和谐的数字关系。这种构成方法也在一定程度上反映了上述想法，它主要是通过子形之间的相似性来形成统一的新形（图4-28、图4-29）。

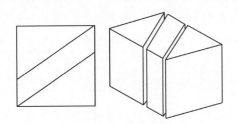

图 4-28　平面和立体的等量分割图示

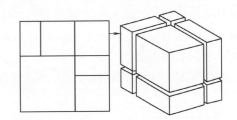

图 4-29　以黄金比例为基础的分割图示

（4）自由分割。自由分割产生的子形缺乏相似性，因此要注意子形与原形的关系，另外还要注意子形之间的主次关系，这样有助于使子形统一起来（图4-30）。

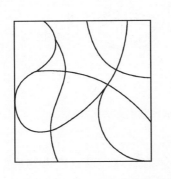
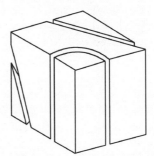

图 4-30　自由分割图示

经过上述四种分割后，可以进行如下的处理，而产生新形。如采用消减和移位的手法：消减有减缺和穿孔等，移位有移动、错位、滑动等（图4-31）。

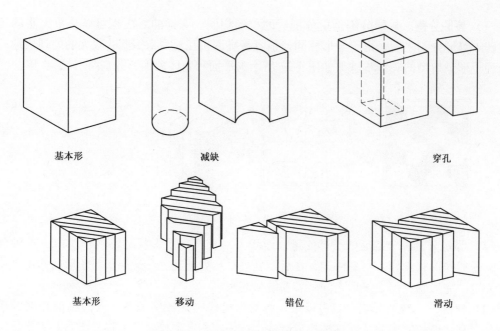

基本形   减缺   穿孔

基本形   移动   错位   滑动

图4-31　消减与移位处理反方法图示

　　经过处理，子形之间的新的关系得以确立并形成新形。无论采取哪一种处理方法，新形应该具有鲜明的形式感，如果处理不当，就可能失去应有的秩序，造成混乱。假如新形仍然保留了原形的部分形态，子形之间有某种复归原形的态势，那么新形的整体感会加强。这不失为一种有效的方法。

　　如图4-32所示为形态构成的基本方法比较。

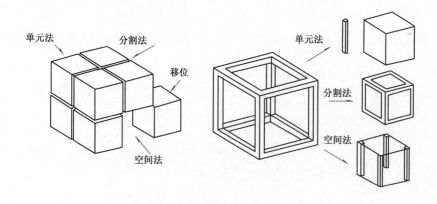

图4-32　形态构成的基本方法比较

4. 肌理构成

　　凡凭视觉即可分辨的物体表面之纹理，称为肌理，以肌理为构成的设计，就是肌理构成。

　　肌理指材料表面的纹理、构造组织给人的触觉和视觉的不同感觉，如手感、纹理、质地、性质、组织形式、凸凹程度等，概括起来叫肌理。在造型艺术中，肌理起着装饰性或功能性的作用，不容忽视。

　　近年来肌理效果越来越受到人们重视，它的运用是现代设计的重要特点之一。形体与肌理是密不可分的关系，肌理起着加强形体表现力的作用。粗的肌理具有原始、粗犷、厚重、坦率的感觉；细的肌理具有高贵、精巧、纯净、淡雅的感觉；处于中间状态的肌理具有稳重、朴实、温柔、亲切的感觉。天然的肌理显得质朴、自然，富于人情味；人工的肌理则形形色色，可以随意地创造，以确切地表现各种效果。

　　出于构成内容乃至实际应用的需要，人工肌理的设计与研制是造型艺术诸领域里不可缺少的项目（只不过称呼有所不同，如：表面加工、饰面、外表处理等）。人工肌理的探求也理所当然地成为构成训练的一个内容，目的在于培养设计者对肌理的创造能力。如图 4-33 所示为肌理构成在室内装饰设计中的运用。

图 4-33　肌理构成在室内装饰设计中的运用

4.2.2　立体构成

　　立体构成也称为空间构成。立体构成是用一定的材料，以视觉为基础，以力学为依据，将造型要素，按照一定的构成原则，组合成美好的形体。它是研究立体造型各元素的构成法则。其任务是，认知立体造型的基本规律，阐明立体设计的基本原理。

　　立体构成可以说是对平面、色彩与空间的综合理解。研究的方向是追求有关形态的所有可能性，这就要从理论上加强造型观念，从诸多方面进行形态要素的分解、组合，从而加强对形态的全面理解和意识升华。作为形态这个研究的主体，我们除了对造型结构的把握外，重点在构成造型的材质和空间环境的互动上。立体构成涉及有建筑、建筑装饰、工业造型、雕塑、广告等设计行业。除在平面上塑造形象与空间感的图案及绘画艺术外，其他各类造型艺术都应划归立体艺术与立体造型设计的范畴。它们的特点是，以实体占有空间、限定空间、并与空间一同构成新的环境、新的视觉产物。由此，人们给了它们一个最摩登的称谓——"空间艺术"。

立体构成是现代设计领域中一门基础造型课，也是一门艺术创作设计课。在立体造型中首先需要明确一个概念，即形态与形状的区别。平面造型中我们称平面的行为形状，这个形状是物象的外轮廓。在立体造型中形状是指立体物在某一距离、角度、环境条件下所呈现的外貌，而形态是指立体物的整个外貌。即形状是形态的诸多面向中的一个面向，形态则是诸多形状构成的综合体。形态是立体造型全方位的印象，是形与神的统一。

4.2.3　视知觉和错觉

在这一节里，我们讨论日常的一些视觉现象，它们的共同特点是：看上去和实际情况有偏差的现象，我们称之为错觉。比如透视的现象看东西近大远小，但实际物体的大小是不变的，这就是错觉。错觉产生以后，人们会不自觉地用日常生活经验去纠正它，所以并不会让我们对事物的认识产生干扰，而且还常常将错就错地利用错觉，以符合人们日常的视觉感。如图4-34所示为深圳威尼斯度假酒店，其运用了视错觉，产生扩展空间的作用。

1. 常见的错觉现象

错觉由日常生活经验产生，我们的视觉有时会主动产生错觉，有时会自动弥补错觉。透视就是典型的错觉，人的意识能自动的调整前大后小的错觉。

图4-34　深圳威尼斯度假酒店，运用了视错觉，产生扩展空间的作用

2. 常见的视知觉现象

（1）图底关系的构成及在设计中的应用。图底的关系是讨论画面和背景之间的转换、

任何一样物体在你把它看作图时，周围就是底；而把其他的看作图，它就是底，是图是底取决于你的视觉选择。通常情况下，我们用一些规律和手法强调我们所要强调的，使图的特征更强，很好利用图底关系作构图和设计。

（2）视觉的恒常性。人们在看东西的过程中会把一些元素往接近于熟悉的事物方面联系，自动弥补它们的差异和残缺部分，这就是视觉的恒常性。利用这个原理，我们在构成和设计时，有时可以做减法，不要非常具体完整地表现对象，留出空间让观者自己用想象弥补，使构成和设计变得兼具趣味性和互动性。

（3）视觉心理力。无论什么形态都包含了心理的暗示，我们称之为视觉心理力。这种力或松散，或紧张，和画面的结构以及所表现出来的精神气质有关，构图也是组织画面各种力的关系的方法。

（4）平面空间的力和场以及空间的情绪表现。每个物体在空间内都会对周围空间和其他物体产生影响，在每个物体周围形成一个场，离物体越近，场的感觉就越强，离物体越远，场的感觉就越弱。不同的元素之间若形成一定的关系，它们之间也会有共同的场，形成内外空间之别。场对元素的空间布局关系影响很大。

（5）平面中立体感的表现。平面的空间形式不一定表现平面的内容，我们可以用多种手法表现立体，产生错觉。这种方法用在构成中增加了空间的深度，丰富了表现力。

4.3　色彩构成的基本方法

色彩不是一个抽象的概念，它和建筑装饰的材料、质地紧密地联系在一起。色彩具有很强的视觉冲击力，如在绿色的田野里，即使在离你很远的地方，也能很容易发现穿红色衣服的人，这充分说明色彩具有很强的信号。

色彩作为人的视觉感觉之一，有其客观存在的基本条件和表现特征。色彩存在的基本条件是：光源、物体、人的眼睛及视觉系统。它是由光刺激视神经传到大脑的视觉中枢而引起的一种感觉，没有光线，就不能辨认形体与色彩。

4.3.1　色彩的基本知识

1. 色彩体系

色彩可分为三个体系：一是用于绘画写生的色彩体系，目的在于认识和发现色彩的客观规律，从而真实地再现自然界的色彩；二是实用的色彩体系，即从实用的机能出发，侧重于研究色彩的生理效果，以便更好地服务于实用目的。最后是审美的色彩体系，这主要服务于人类的精神生活，着重研究色彩的心理效果，以求创造出和谐的色彩环境。

目前国际上流行的主要的是蒙塞尔色彩体系、奥斯特瓦尔德色系（图 4-35 ~ 图4-36）。

2. 色彩的三要素

色彩的色相、明度、彩度是分析色彩的标准尺度。它们之间的关系，人们通常称之为色彩的三要素或色的三属性。色相说明色彩所呈现的相貌，如红、橙、黄等。明度是指色彩的明暗程度，接近白色的明度高，接近黑色的明度低。彩度指色彩的强弱程度，或者是色彩的纯净饱和程度（图 4-37）。

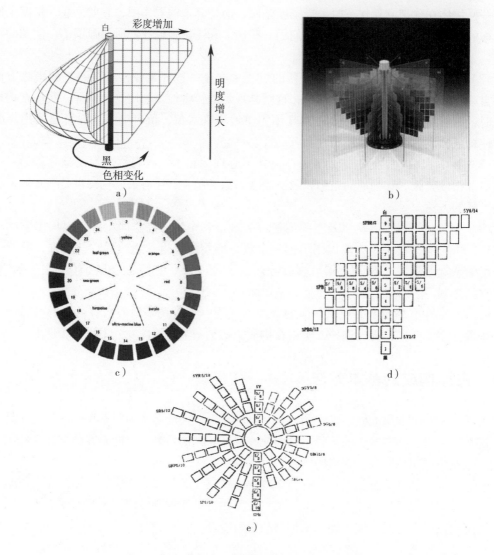

图 4-35　蒙塞尔色彩体系

a）蒙塞尔色彩立体示意图　b）蒙塞尔颜色立体示意图　c）蒙塞尔颜色立体水平剖面
d）蒙塞尔颜色立体的 Y—PB 垂直剖面　e）蒙塞尔颜色立体的明度值 5 水平剖面

3. 图形色和背景色

色彩中最基本的关系就是图底关系，或称图形色或背景色。一般而言，具有以下特点：

（1）小面积色比大面积色成为图形的机会多。

（2）被围绕的色彩比围绕的色彩成为图形的机会多。

（3）静止的比动态的成为图形的机会多。

4. 色彩的心理效应

色彩本身是没有表情也没有感情的，但由于人们的实践生活经验，常把事物与相应的颜色加以联想，从而形成了不同的心理效果。色彩可以产生冷暖、远近、轻重、大小等感受。

（1）温度感。把不同的色彩分为暖色、冷色和温色。从红紫、红、橙、黄到黄绿色称为暖色。从青紫、青至绿色称之为冷色，而紫色和绿色则为温色。暖色如红、黄使人联想到太

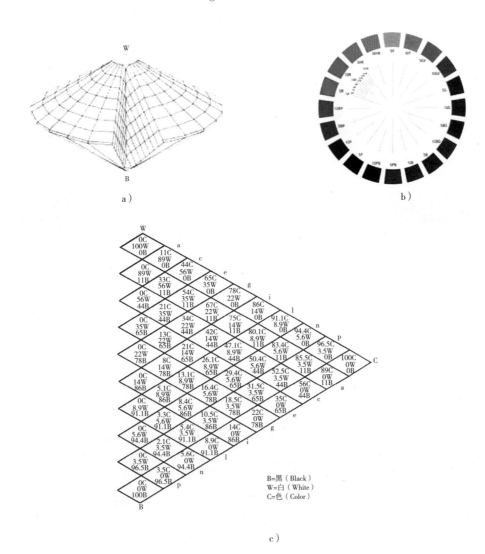

图 4-36　奥斯特瓦尔德等色相三角形

a）奥斯特瓦尔德色系的颜色立体　b）奥斯特瓦尔德色相环　c）奥斯特瓦尔德等色相三角形

阳、火等，感觉温暖；而冷色如蓝色，使人联想到海洋，感觉凉爽。色彩的冷暖也是相对的，如同样是紫色，红紫就比蓝紫要显得"暖"一些。

（2）距离感。色彩可以使人感觉进退、凹凸、远近的不同，一般而言暖色系和明度高的色彩具有前进突出、接近的效果，而冷色系和明度较低的色彩具有后退、凹进、远离的效果。

（3）重量感。色彩的重量感主要取决于明度和纯度，明度高的显得轻，如桃红、浅黄色。明度低的显得重，如黑色、熟褐等（图 4-38）。

（4）尺度感。暖色和明度高的色彩具有扩散作用，

图 4-37　12 色环

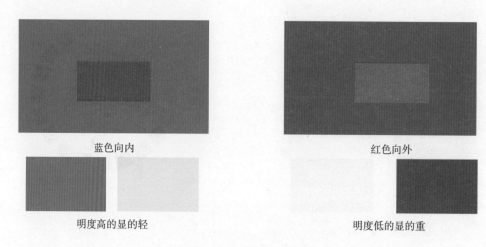

蓝色向内　　　　　　　　　　　　红色向外

明度高的显的轻　　　　　　　　　　明度低的显的重

图 4-38　色彩的心理效应

因此物体显得大。而冷色和暗色则具有内聚作用，因此物体显得小。

（5）不同的材质、肌理对物体色彩产生的心理效应也有一定的影响。如金属、玻璃、大理石等室内材料，如果用多了会产生冷漠的效果。由于色彩的不同，其冷暖感也不一样，如红色花岗石，触觉是冷的，而视觉上则感觉是温暖的。同样红褐色的石材与木材相比，石材的感觉就要冷一些。

4.3.2　室内装饰设计色彩的设计方法

1. 色彩的调和

在室内装饰设计中可通过选择主色调，利用色彩的连续性以及色彩均衡等手法做到色彩的调和。主色调是指在色彩设计中以某一种色彩或某一类色彩为主导色，构成色彩环境中的基调。室内装饰的主导色是由界面色、物体色、灯光色等综合而成的，在设计中常选择含有同类色素的色彩来配置构成，以体现出温馨、浪漫或严肃、冷静的感受，从而使人获得视觉上的和谐与美感。一般情况下室内大面积的色彩宜调和，对比宜弱，而小面积的色彩则可对比强些（图 4-39）；再如，从明度上来看，室内色彩宜地面重，墙面灰，顶棚轻，才能使人

图 4-39　室内大面积的色彩宜调和，对比宜弱；小面积的色彩则对比较强

形成视觉和心理上的平衡感。

2. 色彩的对比

在色相对比中，原色与原色、间色与间色对比时，各色都有沿色相环向相反方向移动的倾向。如红色与黄色对比，红色倾向于紫色，而黄色倾向于绿色。原色与间色对比时，各色都显得更鲜艳。补色相对比，对比效果更强烈。明度不同的色彩相对比，对比方明暗差别越大，对比效果越明显。彩度不同的色彩相对比，高彩度的色彩越显得彩度高，低彩度的色彩越显得彩度低。冷暖色彩相对比，冷色更显得冷，暖色更显得暖。

（1）相似色。只用两、三种在色环上互相接近的颜色作为主色调的色调，称之为相似色调。

如图4-40所示整个空间以不同明度的黄色为主色调，这些色彩在色环中相互之间很接近，所以十分和谐。整个空间很宁静、清新。

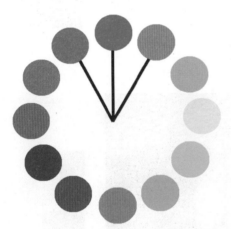

图4-40　相似色协调的室内色彩（一）

如图4-41所示整个空间以黄色、红色为主色调，利用无彩色系的白色、黑色做了相应的调剂，加强了其主色调的明度和纯度的表现力，整个空间显得明亮、宁静、整洁。

（2）对比色。采用在色环上处于相对位置的两种色彩作为主色调的色调，称之为对比色调（图4-42）。

（3）分离互补色。在色相环中采用对比色中相邻的两色的色调，组成三个颜色的对比色调，称之为分离互补色调（图4-43）。

3. 室内装饰设计色彩的运用

室内空间的层次具有多样性和复杂性，各种物品的材料、质感、形式又各不相同。追求室内色彩的协调统一，无疑是室内装饰设计中色彩运用的首要任务。

（1）背景色的运用。背景色应该是占有室内空间面积最大的色彩，它对其他室内物件起衬托作用。背景色是室内色彩中首先须考虑和选择的。一般情况下背景色由墙、顶面色彩和地面色彩组成（图4-44）。

图 4-41　相似色协调的室内色彩（二）

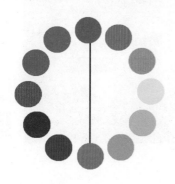

图 4-42　对比色协调的室内色彩

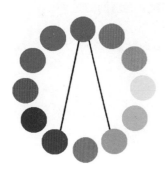

图 4-43　分离互补色协调的室内色彩

（2）主体色的运用。在背景色的映衬下，以在室内占有统治地位的家具为主体色。在现代室内空间中，家具是陈设中的大件，其色彩往往成为整个室内环境的色彩基调。家具色调的挑选，往往与室内的总的色彩格调协调。

（3）重点色的运用。重点色也称之为点缀或是强调色。它作为室内重点装饰和点缀的地方，面积小却非常突出。室内装饰设计中往往通过一些色彩鲜艳的小物体来打破整体色调的沉闷，如靠垫、艺术摆设等。但是室内色彩设计使用刺激色和高彩度的颜色时要十分慎重，在色彩组合时应考虑到视觉残像对物体颜色产生的错觉，以及能够使眼睛得到休息和平衡的机会。

图 4-44　背景色占有室内空间面积最大的色彩，它对其他室内物件起衬托作用

总之，以什么为背景及主体和重点，是室内色彩设计首先应考虑的问题。室内主调子必须给人们以统一完整的、难忘的、富有感染力的印象。追求大部位色彩的统一协调，强化重点的色彩魅力。只有这样，室内色彩才会达到和谐（图 4-45、图 4-46）。同时，不同物体色彩之间的相互关系也能形成多层次的背景关系，如博古架以墙面为背景，博古架上的装饰品以博古架为背景。这样，对装饰品来说墙面是大背景，博古架为小背景。这种多层次的背景关系应充分重视。

图 4-45　本案中红色的构架是设计的重点色，装饰面积小却非常突出

图4-46 本案在运用高彩度的橙色时，注意色彩组合
加入适当的蓝色与绿色的配色，使眼睛得到休息和平衡的机会

4.4 形态构成形式美的基本法则

点、线、面、肌理、构图等构成知识，提供了很多设计方法和手段，但是手法过多，也许会令人不知所措，甚至过度表现。这时，需要一些总的思考和控制画面的方法。我们常常采用形态构成的形式美的基本法则来进行统筹设计，总的来说有以下几点。

4.4.1 均衡、稳定

均衡主要是指空间构图中各要素之间的相对的轻重关系，稳定则是指空间的整体上下之间的轻重关系。对称达到均衡的方式如同天平，对称轴两边的形态面积是相等的。假定在某一图形中央设一条垂直线，将图形划分为左右相等的两部分，两部分形状完全相等，这个图形就是左右对称的两个图形。这条垂直线为对称轴。而均衡也可以是一种动态中的平衡，构成设计中的平衡并非实际重量的均等关系，而是根据图的形状、大小、轻重、色彩及材质的不同而作用于视觉判断的平衡。就像中国的秤杆，利用杠杆原理，画面中的形态、面积不一定相等，甚至相差很多。但是每个元素的位置和彼此对比的关系，决定了我们在整个画面中的力量性牵制以达到平衡。

空间的均衡是指空间的前后、左右各部分的关系，应给人安定、平衡和完整的感觉。室内装饰设计中的均衡一方面是指整个空间的构图效果，它和物体的大小、形状、质地、色彩有关系；另一方面是指室内四个墙面上的视觉平衡，墙面构图集中在一侧，墙面不均衡，经过适当的调整后可使墙面构图达到均衡（图4-47）。

4.4.2 比例与尺度

比例是指部分与部分，部分与全体之间的比数关系。尺度是构成设计中一切单位大小以及各单位之间的大小关系，而形成的一种大小感。任何艺术都有比例、尺度的问题，只有比例尺度和谐的物体才会引起人们的美感，如室内空间中长、宽、高就是一个比例问题（图 4-48），除功能、材料、结构外，在长期历史发展过程中形成的习惯也会影响到比例关系。理想的人体尺寸就是神像比例，据古老的建筑文献记载，爱奥尼人当时建造阿波罗神殿的时候用的是男人脚掌长度来丈量高度。脚掌 = 1/6 身高、柱身 = 6 倍的柱径（即 0.618 的黄金比例），这样有强壮的男性美的多立克柱式就产生了。

图 4-47　利用形状、质地、色彩的关系达到均衡的内部空间　　　图 4-48　由良好比例关系产生的空间构图

比例主要指形体之间的相对比数关系，比例问题涉及数列等数学上的一些概念。这样的一些比例关系可以供我们参考。

（1）等差数列：1d、2d、3d、4d、5d……

（2）等比数列：1d、2d、4d、8d、16d……

（3）平方根形数列。

（4）黄金比例：将一线段分割成两段，使其中小段和大段之比等于大段和整体之比，这个比值约为 0.618。这种比例关系在古希腊的建筑中很常见。

4.4.3　对比和统一

对比和调和是变化统一最直接的体现。统一的环境一旦变化，势必形成对比，要使诸多不同的形式统一以来，势必要采取调和的手法。通常我们处理画面有两种状态：一是大对比，小调和，即总体是对比的格局，局部调和；二是大调和，小对比，总体上调和，局部存在对比（图 4-49）。

4.4.4　节奏、韵律

节奏和韵律对应视觉流程的动态过程，借用的是音乐的概念。音乐的节奏和韵律是由音符、旋律、强弱处理等体现的。高山、流水各有其韵律，书法的行笔布局也讲究韵味。自然界中许多现象由于有规律的重复出现或有秩序的变化而激发人们的韵律感。构成设计中，人们有意识地加以模仿和运用，从而创造出各种具有条理性、重复性和连续性的美的形式，这就是韵律美。节奏就是有规律的重复，各要素之间具有单纯的、明确的、秩序井然的关系，使人产生有规律的动感。韵律是节奏形式的深化。节奏富有理性、韵律富有感性。如图4-50所示，中顶部的木梁就是一个基本单元，反复排列形成节奏与韵律。

图4-49　对比和变化统一手法构成的室内效果　　　　图4-50　空间构图的韵律美

4.4.5　夸张和简化

夸张是艺术和创作中常用的手法；简化是夸张的反形式。夸张把事物的特征强调和突显出来，使之非常醒目而令人印象深刻；而简化则弱化特点、减少细节，保留总体的特征。如图4-51所示为采用夸张与简化的手法进行的建筑创作。

图4-51　建筑界面设计的夸张和简化

总结上述形式美的基本法则。变化统一是总的法则，这是所有艺术设计形式遵循的法则。没有变化就没有创新和发展；没有统一，就会杂乱无章，达不到纯熟的境界。变化带来的突破和创新是艺术家与设计师真正的价值所在，整个艺术史就是不断地突破旧有的形式、创造新的形式，自我完善的循环发展的过程。

本 章 小 结

本章综合系统地介绍了三大构成的基本知识，大量地运用插图说明了形态构成与建筑装饰设计的关系，在建筑装饰设计中研究学习形态构成就要求学生从理论上加强造型观念培养，从诸多方面进行形态要素的分解、组合等视觉综合训练，从而加强他们对形态的全面理解和意识升华。作为形态这个研究的主体，我们除了对造型结构的把握外，还应重点在构成造型和空间环境的互动上加强训练。

思考题与习题

1. 形态构成的意义是什么？
2. 概念要素的基本特征及其应用。
3. 形态构成的基本设计法则是什么？结合图解案例加以说明。

实 践 环 节

实践性练习见本教材第 10 章任务书（三）。

第 5 章
装饰设计方法入门

学习目标：

系统了解建筑装饰设计的一般过程，了解建筑装饰设计的基本方法；重点掌握装饰设计前的准备；设计的基本方法以及设计在方案的推敲与深入环节的工作；初步了解如何从专业的角度描述建筑装饰设计（文字或图示）。

学习重点：

1. 了解建筑装饰设计的基本程序。
2. 掌握建筑装饰设计准备阶段的工作。
3. 了解建筑装饰设计的基本方法，为下一步的设计学习打好基础。

学习建议：

学生了解了建筑装饰设计的基本程序，从而理解并掌握建筑装饰设计的设计准备、方案深入等阶段工作的重要性；通过解析一些优秀设计师在进行设计创作时的基本方法与思路，加深对本章的内容理解，学好设计入门的基本知识。

建筑装饰设计作为建筑装饰专业的一门核心专业课程其重要性是不言而喻的，但是设计方法的重要性并非人人认同，有些学生认为只要投入相当的时间和精力，就可以把设计做好了。然而当真正面对一个设计题目时，因不知如何下手而大叫困难的人比比皆是，原因何在？没有掌握必要的信息资料，没有真正把握设计的规律，又如何能顺利地开展设计工作呢？要做好设计，就必须对建筑装饰设计有一个深入透彻的了解与认识，就需要一个正确的设计方法与工作方法。本章从认识建筑装饰设计的基本程序开始设计方法入门的讨论。

5.1　装饰设计的基本程序

科学有效的工作方法可以使复杂的问题变得易于控制和管理。在具体的设计工作中，按时间的先后顺序依次安排设计步骤的方法称为设计程序。设计程序是设计人员在长期的设计实践中发展出来的，它是一种有目的的自觉行为，是对既有经验的规律性总结，其内容会随设计活动的发展与成熟而不断更新。

虽然设计步骤会因不同的设计者、设计单位、设计项目和时间的具体要求而有所不同，但大体上还是可以分为六个阶段，即：设计前期、方案设计、扩初设计、施工图设计、设计实施和设计评价这六个阶段。这也就是从业主提出设计任务书到设计实施并交付使用的全过程。

5.1.1　设计前期

设计前期也就是设计准备阶段。它主要包括与业主的广泛交流，收集设计素材，了解业主的总体设想，然后接受委托，根据设计任务书及有关国家文件签订设计合同，或者根据标书要求参加投标；明确设计期限并制定设计计划进度安排，考虑各有关工种的配合与协调；明确设计任务和要求。在签订合同或制定投标文件时，还包括设计进度安排、设计费率标准，即设计收取业主设计费占工程总投入资金的百分比。

5.1.2　方案设计

方案设计阶段是在设计准备阶段的基础上，进一步收集、分析资料，进一步与业主进行沟通交流，运用与设计任务有关的资料与信息，构思立意，进行初步方案设计，而后进行多方案的分析与比较，最后完成方案设计阶段的工作。确定初步设计方案，提供设计文件。

设计师需提供的方案设计文件一般包括：

（1）平面图（包括家具布置）。

（2）立面图、剖面图。

（3）顶棚图或仰视图（包括灯具、风口等布置）。

（4）透视图（彩色效果图）。

（5）装饰材料实物样板（墙纸、地毯、窗帘、室内纺织面料、墙地面砖及石材、灯具、设备等用实物照片）。

（6）设计意图说明和造价概预算等。

5.1.3　扩初设计

在设计过程中，如果工程项目比较复杂，技术要求较高时，则需进行扩初设计，对方案进一步深化，保证其可行性，同时进行造价概预算，然后再送有关部门审查。但是设计项目的规模较小时，方案设计能够直接达到较深的深度，此时方案设计在送交相关部门审查并基本获得认可后，就可直接进行施工图设计。那么，扩初设计阶段是省略的。

5.1.4　施工图设计

施工图设计是设计师对整个设计项目的最后决策，并与其他各专业工种进行充分的协调，综合解决各种技术问题，并绘制成施工图，这也叫深化设计。施工图设计文件较方案设计应更为详细，需要补充施工所必要的有关平面布置、节点详图和细部大样图，并且编制有关施工说明等（图5-1、图5-2）。

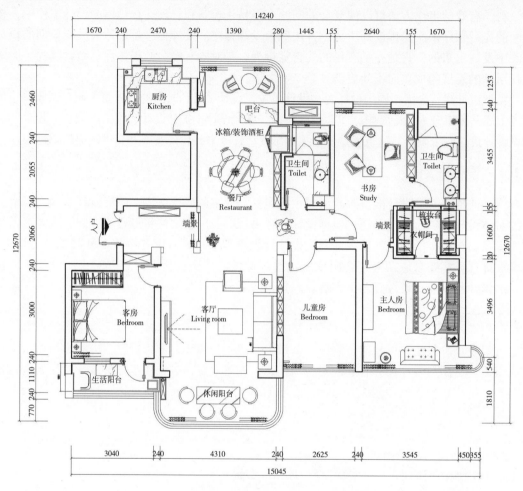

图 5-1   某家装施工图局部（平面布置图）

5.1.5   设计实施

在此过程中，虽然大部分设计工作已经完成，但项目开始施工后，设计师仍需高度重视，否则难以保证设计达到理想的效果。在此阶段，设计师的工作常包括：在施工前向施工人员解释设计意图，进行图样的技术交底；在施工中及时回答施工人员提出的有关涉及设计的问题，根据施工现场实际情况提供局部修改或补充（由设计单位出具修改通知书），进行装饰材料等的选样工作；施工结束时，会同相关部门与建设单位进行质量验收等。

5.1.6   设计评价

设计评价是针对工程进行的总结评价，目前正逐渐受到越来越多的重视。这个阶段是在工程交付使用的合理时间内，通过用户配合问卷或口头表达等方式对工程进行的连续

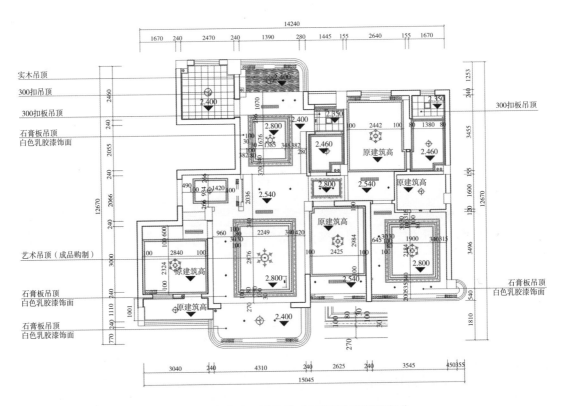

图 5-2　某家装施工图的平面布置图和顶棚图部分

评价，其目的在于了解是否达到预期的设计意图，以及用户对该工程的满意程度等。因为很多设计方面的问题都是在工程投入使用后才能够得以发现的，所以这一点有利于用户和工程本身，同时也有利于设计师为将来的设计和施工增加或改进工作方法，不断积累经验。

5.2　设计前的准备

设计前期也就是设计准备阶段的具体工作的展开，任务分析是第一阶段工作，其目的就是通过对设计要求、环境条件、经济因素和相关规范资料等重要内容的系统、全面的分析研究，为设计确立科学的依据。

5.2.1　对设计要求的分析

设计要求主要是以设计任务书的形式出现的。任务书是对设计的指导性文件，对不同要求的设计项目，设计任务书的详尽程度差别很大，但一般包括文字叙述、图样两部分内容。文字部分主要包括设计项目的相关设计要求。如功能关系的要求包括功能组成、设施要求、空间尺度、环境要求等方面；以及形式特点的要求等。除此以外，设计师还应对使用对象进行分析，如果是家装设计项目那么还应该具体分析设计对象的使用者的职业、年龄、性别、个人爱好等。

5.2.2　对建筑环境、自然条件的分析

建筑装饰设计受到工程建设基地条件的影响较大，在进行设计之前应对基地进行全面、

系统地调查和分析，为设计提供细致、可靠的依据。

1. 基地条件调查的内容

基地现状调查包括收集与基地有关的技术资料进行实地踏勘、测量两部分工作。基地条件调查的内容包括：

1）设计项目现场资料数据实测，收集设计的原始资料。

2）人工设施：建筑及构筑物、道路、各种管线、设备情况。

3）视觉质量：基地现状景观、环境景观、视域。

基地条件调查并不是要将所有内容一个不漏地调查清楚，应根据基地的规模、内外环境和使用目的分清主次，主要的应深入详尽地调查，次要的可简要地了解。

2. 基地条件分析

调查是手段，分析才是目的。基地条件分析是在客观调查和主观评价的基础上，对基地及其环境的各种因素做出综合性的分析与评价，使基地的潜力得到充分发挥。基地条件分析在整个设计过程中占有很重要的地位，一般而言，建筑装饰设计首先是受到自然条件的影响。比如房间的朝向、景向、风向、日照、外界噪声源、污染源等都会影响室内环境设计的思路和具体处理。因此，应该先分析出哪些自然条件对设计有利，哪些不利，以便在设计中分别有针对性地进行处理。其次，建筑装饰设计还受到建筑条件的影响。对建筑条件进行分析，其内容包括：

1）对建筑结构形式的分析。

2）对建筑功能布局的分析。

3）对建筑环境景观的分析。

4）对室内空间特征的分析。

5）对交通体系设置特点的分析。

此阶段的条件分析应该是全方位的，凡是从图中可以看出的问题都应该加以分析考虑。分析能力也是衡量设计师业务素质的重要评价标准之一。

5.2.3　对人文环境的分析

对人文环境的研究是建筑装饰设计"以人为本"的重要课题之一。不同的文化背景，不同的地理、气候条件使人们有着不同的生活习惯和审美习惯。在不同的经济条件下，人们也会提出不同的"舒适度"要求。面对众多的使用对象，设计师就不得不对特殊的个人和集体进行研究，这还涉及社会学的问题。对这类问题进行研究，主要包括设计项目所在地的地域文化特征：如与文化背景有关的审美习惯问题和生活习俗特征等。不同的人文背景衍生出不同的审美诉求，设计的人文因素，不同的气候特征导致不同的生活习惯，都直接影响设计构思的产生（如图5-3所示为不同人文因素背景下的建筑形制），而文化的主题不可以单

a）　　　　　　　　　　b）　　　　　　　　　　c）

图5-3　不同人文因素背景下的建筑形制

纯靠图片或照片来了解，需要设计师的亲身经历才会有深刻领悟。

显然，对这一问题进行研究是十分必要的。对空间使用对象的文化背景了解得越深入，设计师的决策便越有说服力，设计就不至于千人一面，这是重要的设计环节之一。这个设计阶段的工作并不是孤立的，它自然要与设计阶段的资料工作挂起钩来。

5.2.4　资料的收集与调研

结合设计对象的具体特点，资料的收集与调研可以在第一阶段一次性完成，也可以穿插于设计之中，有针对性地分阶段进行。

1. 资料收集

建筑装饰设计是综合运用多学科知识的创作过程，设计不能只停留在就事论事地解决设计中的功能与形式问题上，而应借助于学科知识提升设计目标的品位。设计师应该针对设计项目的要求及其内涵，运用外围知识来启迪创作思路，或解决设计中的技术问题。特别是对还处于设计学习阶段的学生而言，由于本身的学识、眼界还比较有限，特别需要借助查询资料来拓宽自己的知识面。

资料的查询和收集是获取和积累知识的有效途径。首先，与该设计项目有关的设计规范，要进行查阅，以防在设计中出现违规现象。其次，当设计项目中需要突出文化特征时，要查阅地方志、人物志等，以便在设计中运用特定设计要素时（包括符号、材料等）与文脉有一定联系。当然，不是所有的设计内容都要表达高层次的文化性，但有时也是很有必要表达个性的，这就需要设计师注重平时的积累（如图 5-4 所示为某设计师的设计资料收集图）。资料的收集可以帮助拓宽眼界，启迪思路，借鉴手法。但是一定要避免先入为主，否则，使自己的设计走上拼凑，甚至抄袭他人成果的错误做法，最终丧失自己积极创作的能力。

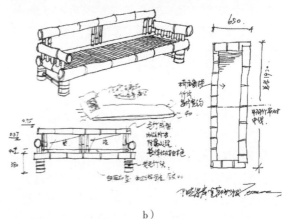

a)　　　　　　　　　　　　　　　　　　　b)

图 5-4　某设计师的设计资料收集图
（图片来源：《室内设计师实践手册》）

a) 竹椅的收口节点参考　b) 一些纹样做法可以通过参考图片进行局部说明，尽量标注尺寸

2. 实例调研

实例调研能够得到设计实际效果的体验，这对于设计师在做设计时会有很大的参考价值。首先，实例的许多设计手法和解决设计问题的思路，在你亲临实地调研时有可能引发你自己创作的灵感。其次，经过调研后，在把握空间尺度等许多设计要点时，可以做到心中有

数。另外，实例中的很多方面，比如材料使用、构造设计等远比教科书来得生动，更容易让人明白。总之，在实例调研时，要善于观察、细心琢磨、勤于记录，这也是设计师应该具备的专业素质。

3. 对设计环境条件的测绘

建筑装饰设计所实施的表面的工程质量的好坏都源于对建筑现有条件的了解和对隐蔽工程的合理处理，所有图样必须充分考虑建筑结构管线梁柱的因素，选用合理的尺寸、工艺、材料设计，才能避免纸上谈兵式的无谓劳动。核准现场以后，所有以核对现场图样为基础派生出来的设计图有着重要的保证和可实施性，无疑它是设计成功的先决条件，是整个设计过程中最重要的一环。

测绘之前应与委托方沟通初步的设计意向，取得建筑图样资料（包括建筑平面图、建筑结构图、已有的空调图、管道图、消防箱和喷淋分布图、给水图、排水图、强弱电总箱位置图等）。了解业主的初步意向以及对空间、景观取向和修改期望。

核准现场是设计成功的先决条件，是避免反复改图及控制设计成本最有效的保证。首先要熟读建筑图样，了解空间建筑结构，第一时间进行现场的核准。难免现场尺寸及实际情况与建筑图样会有不符的地方，应认真的复核，并做好详细记录，下面以室内装饰设计所需要的测绘工作为例进行讲解。

（1）准备工作。

1）准备好硬图板一块，有条件的话可以准备一个支承图板的活动支架，工程项目较小时可以用 A4 或 A3 的速写夹。

2）复印好 1:100 或 1:50 的建筑框架平面图 2 张，一张记录地面情况，一张记录顶棚情况（小空间可一张完成），并尽可能带上设备图（梁、管线、上下水图样）。没有建筑平面图的设计师要在现场徒手绘制建筑框架平面图。

3）备带测量工具如：钢卷尺、皮拉尺、铅笔、红色笔、绿色笔、橡皮、涂改液、数字照相机、红外测距仪等相关工具。

（2）度量顺序及要点。

1）测量现场的各空间总长、总宽，墙柱跨度的长、宽尺寸，记录清楚现场尺寸与图样的出入。记录现场间墙工程误差（如墙体不垂直等），通常室内空间所得尺寸为净空尺寸。

2）测量空间的净空及梁底高度、梁宽尺寸等（以水平线为基准来测，没有水平线则以预留地面抹灰厚度后的实际尺寸为准来测量）。

3）标注门窗的实际尺寸、高度、开合方式、边框结构及固定处理结构。

4）记录排水管、排污管、洗手间下沉池、管井、消火栓、收缩缝等的位置及大小，尺寸以管中为准，要包覆的则以检修口外最大尺寸为准）。地平面标高要记录现场实际情况并预计完成尺寸，地面、抹灰完成的尺寸控制在 50 ~ 80mm 以下。

5）对于相对结构复杂的大型公共建筑室内，结构复杂地方测量要谨慎、精确，如中庭结构情况，消防卷帘位置，外墙门窗的形式等。

6）注意要记录外景的方向、采光等情况，并在图样上用文字标记。

在测绘时，对于一些较复杂的结构必要时可以拍下数码照片备用。

测量好的现场数据是以后设计扩初的重要依据。现场测量完成后，图原稿则应始终保留在项目文件夹中，以备查验。并根据测绘原始尺寸绘制，按照设计制图标准绘制原始图（图5-5）。

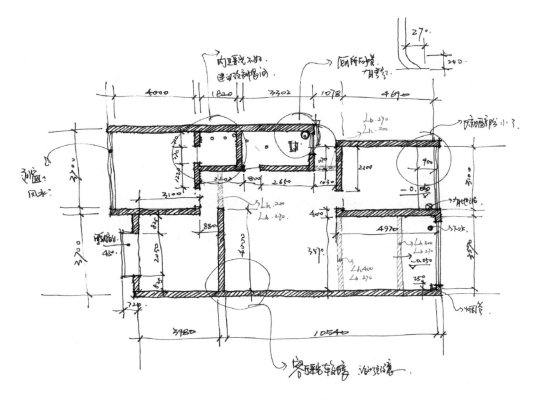

图 5-5　某家装设计量房平面图

5.3　设计的基本方法

5.3.1　大处着眼、小处着手，整体与局部深入推敲

"大处着眼"就是在设计思考问题和着手设计时，首先应该对整个设计任务具有全面的构思与设想，建立一个设计的全局观念。"小处着手"是指具体进行设计时，必须根据空间的使用性质，深入调查、收集资料，掌握必要的资料和数据，从最基本的人体尺度、人流动线、活动范围和特点等方面着手。反复推敲，使局部融合于整体，达到整体与局部的完美统一。忽略整体，将使设计的各个部分自成一体，影响设计的整体效果；忽略局部，也会使设计过分统一却因为缺少变化而变得乏味。就整体与局部的关系而言，一般应该做到"大处着眼、小处着手"。

5.3.2　从内而外、由外而内，局部与整体协调统一

建筑装饰设计需要与建筑整体的性质、标准、风格、室外环境相协调统一。内与外的关系在设计中常需要反复协调，以致最后趋于完美合理。建筑师 A. 依可尼可夫曾说："任何建筑创作，应是内部构成因素和外部联系之间相互作用的结果。"室内环境的"里"，以及和这一室内环境连接的其他室内环境，以至建筑环境的"外"，它们之间有着相互依存的密切关系，设计时需要从里到外、从外到里多次反复协调，才能更趋完善合理。

5.3.3　意在笔先、笔意同步，立意与表达并重

同很多的设计活动一样，在进行建筑装饰设计时，一项设计假如没有很好的立意就等于没有"灵魂"，设计的难度也往往在于要有一个好的构思立意，有了明确的立意才能有针对性地进行设计。具体设计时意在笔先固然很好，但是一个较为成熟的构思，往往需要有足够的设计信息量，以及有商讨和推敲的时间，因此也可以边动笔边构思，即所谓笔意同步，在设计前期和出方案过程中使立意、构思逐步明确。

好的立意更需要完美的表达，而这不是能轻易做到的。对于建筑装饰设计来说应该要正确、完整，又有表现力地表达出设计的构思和意图。使建设者和评审人员能够通过图样、模型、说明等，全面地了解设计意图，这是设计得以实施的关键所在。在设计投标竞争中，质量完整、精确、优美的图样其竞争力明显增强。因为，形象毕竟是很重要的一个方面，而图样表达则是设计者的语言，也是必须具备的最基本的能力，一个优秀设计的内涵和表达也应该是统一的。

5.4　方案的推敲与深入

5.4.1　从画草图开始入手形成初步方案

设计草图是记录表达设计师设计思维的简明的图示思维表达。草图设计是把设计构思变为设计成果的第一步，同时也是各方面的构思逐步通向成熟的路径。无论是从空间组织的构思，还是色彩设计的比较，或者是装修细节的推敲，都可以以草图的形式进行。对设计师来说，草图的绘制过程，实际上是设计师思考的过程，也是设计师从抽象的思考进入具体的图式的过程。

在一般的设计工作中，一个好的构思或创意一开始并不是非常完整，往往只是一个粗略的想法。只有在设计的深入思考过程中，好的构思和创意才能不断地深化、完善。实际上，草图的过程就是这样一个辅助思考的过程。

从草图开始，设计师就应当对设计项目的功能区分、设计的形式与风格、装修细节及材料等进行统一的构思，确定大致的空间形式、尺寸及色彩等主要方面。在草图绘制的基础上，设计师可以通过各种方法进行推敲、权衡，对设计的初步方案进行深入和细化。在这个阶段的后期，设计定稿后所有的图样按适当的比例绘制成正式的图样。

5.4.2　方案的推敲与比较

在方案设计的阶段，设计者应当通过各种方式，完整地向委托方表达出自己的构思与意图，并征得对方的认可。如果在设计上与委托方有较大的差距，则应当尽力寻求共识，达成一致的意见，因为任何一个成功的设计，都是被认可后才有可能成为现实。那么，多方案的比较就尤为重要了。

1. 多方案比较的必要性

首先，多方案构思是设计的本质反映。我们认识事物和解决问题常常习惯于结果的唯一性与明确性。然而由于影响建筑装饰设计的客观因素众多，在认识和对待这些因素时，设计

者任何细微的侧重就会导致不同的方案对策。对于设计而言，认识和解决问题的方式是多样的、相对的和不确定的，只要设计者没有偏离正确的设计观，所产生的任何不同方案就没有简单意义的对与错之分，而只有设计效果的优劣之别。

其次，多方案也是建筑装饰设计目的性所要求的。无论是对于设计者还是建设者而言方案构思只是一个过程而不是目的，其最终目的是取得一个相对尽善尽美的实施方案。而我们知道，要求"绝对意义"的最佳方案是不可能的。因为在现实的时间、经济以及技术条件下我们不具备穷尽所有方案的可能性，最终我们所能够获得的只能是"相对意义"上的，尽可能地比较多个方案，从而获得那个相对的"最佳"方案。

另外，多方案构思是让使用者和管理者真正参与到设计中来，是设计"以人为本"这一追求的具体体现，这种形式的方案分析比较、选择的过程才使设计方案真正成为可能。这种参与不仅表现为评价选择设计者提出的设计成果，而且应该落实到对设计的发展方向乃至具体的处理方式提出质疑，发表见解，使方案设计这一行为活动真正担负其应有的社会责任。

2. 多方案比较和优化选择

多方案比较是提高做方案能力的一种有效方法，各个方案都必须要有创造性，应各有特点和新意而不雷同。否则就是做再多的方案也无济于事，纯属浪费时间和精力。在完成多方案后，我们将展开对方案的分析比较，从中选择出理想的发展方案。分析比较的重点应集中在三个方面：

（1）比较方案对设计要求的满足度。是否满足基本的设计要求是鉴别一个方案是否合格的起码标准。一个方案无论构思如何独到，如果不能满足基本的设计要求，也绝不可能成为一个好的设计。

（2）比较设计的艺术性。一个好的设计方案应该是能够引起使用者的共鸣，富有艺术感染力的，缺乏个性的设计方案肯定是平淡乏味，难以打动人的，因此也不可能成为最佳设计方案。

（3）比较方案实施的可行度。方案的可行度是保证设计实施的关键所在，从方案对工艺、材料、经济的要求等多方面都要进行比较，选择在工程造价、工期等的允许下最有可能实施的方案才是"最佳"方案。同时，尽管任何方案或多或少都会有一些缺点，但如果进行修改不是会带来新的更大的问题，就是会完全失去原有方案的特色和优势，对于此类方案应给即予足够的重视，以防留下隐患。

在权衡这些方面后定出最终相对合理的发展方案，该方案可以以某个方案为主兼收其他方案之长，也可以将几个方案在处理不同方面的优点综合起来。如图 5-6、图 5-7 所示的两个方案在使用功能上二者都能基本满足使用要求，方案都具有可行性。方案二较方案二在空间布局上拓展了书房的空间，如果业主对书房空间的要求相对较大的情况下就可以选择此方案，同时娱乐间可以兼作更衣、收藏间，空间具有多功能性，更符合现代居室的要求。在空间的主题定位上两个方案均采用简约的中式风格，而且两个方案的电视主题墙都设计有借鉴中式古园林的借景手法而设计的景窗，在方案一中设计对于书房空间的想法则更加赋予中式风格室内空间的构思；就设计可行性分析本方案设计一中建筑结构属于砖混结构，且属于一楼楼层较低，建筑结构改动的可能性较小，方案二的书房空间和原建筑结构相比结构改动较大，餐厅通往书房、书房通往阳台的墙体都有拆除部分。如果采用方案二的话可能需要进一步的调整。

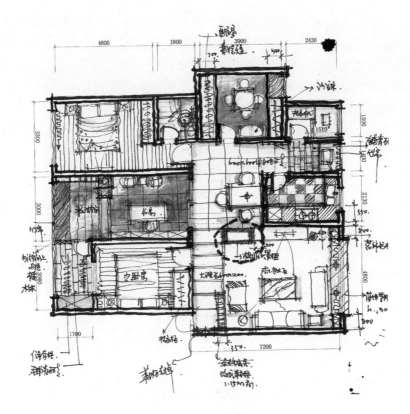

图5-6　某家装设计平面方案一

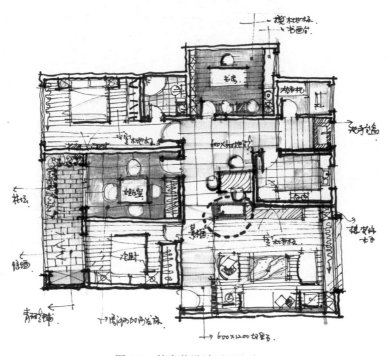

图5-7　某家装设计平面方案二

5.4.3 设计方案的深入

经过多方案比较之后选择出的发展方案虽然是相对合理可行的设计方案，但某些方面还是存在着这样或那样的问题，方案设计还需要一个调整和深化的过程。

1. 设计方案的调整

方案调整阶段的主要任务是解决多方案分析，比较过程所发现的矛盾与问题，并设法弥补设计缺陷。值得注意的是对"发展方案"的调整应控制在适度的范围内，只限于对个别问题进行局部的修改与补充，力求不影响或改变原有方案的整体布局和基本构思，并进一步提升方案已有的优势水平。

2. 设计方案的深化

要达到方案设计的最终要求，需要一个从粗略到细致刻画、从模糊到明确落实、从概念到具体量化的进一步深化的过程。深化过程主要通过放大图样比例，由面及点，从大到小，分层次、分步骤进行。在比例上首先要明确量化装饰设计的相关内容，对平面图、立面图、剖面图及构造做法进行更为细致的推敲。如室内装饰设计具体内容就应包括室内平面功能布置，家具设计、室内陈设、室内铺地、立面设计造型做法、材料质感与色彩等。方案成果的提交需要有完整的设计表达。

在方案的深化过程中，应注意以下几点：

1）各部分的设计尤其是造型设计，应严格遵循一般的形式美法则，注意对尺度、比例、韵律、虚实、光影、质感以及色彩等原则规律的把握与运用，取得一个理想的效果。

2）方案的深化过程必然伴随着一系列新的调整，除了各个部分自身需要适应调整外，各部分之间必然也会产生相互作用、相互影响，如平面的调整对立面的处理、室内空间顶棚的处理就会有一定的影响。反过来在构思立面的时候有可能需要平面跟着调整，完善空间效果，设计师对此应有充分的认识。

3）方案的深化过程不可能是一次性完成的，需经历深化—调整—再深入—再调整，多次反复的过程，这其中所体现的工作强度与工作难度是可想而知的。

因此，要想完成一个高水平的方案设计，除了要求具备较高的专业知识、较强的设计能力、正确的设计方法以及极大的专业热情外，细心、耐心和恒心是其必不可少的素质品德。

本 章 小 结

本章从介绍建筑装饰设计的基本程序开始，系统地讲解了建筑装饰设计的一般过程，以及在这一过程中的每一个环节的具体内容；重点介绍了装饰设计前的准备工作，包括设计的条件分析，资料调研与收集等；系统地讲解了设计的基本方法，并通过实例的点评重点介绍如何进行方案的推敲与深入。

思考题与习题

1. 着手进行建筑装饰设计时对建筑的考察要重点注意哪几个方面的内容？
2. 室内设计的设计准备包括哪些内容？
3. 在方案的比较与深入的时候重点考虑哪几个方面的问题？

实 践 环 节

1. 组织学生对已有的装修好的小型建筑室内空间进行实测，进行设计准备阶段的工作模拟实训。

2. 学生分组根据老师提供的室内或室外装饰设计的具体实例，结合本章学习的内容，各组讨论建筑装饰设计的方法。

第6章
室内空间设计

≫ 学习目标：

1. 理解室内空间的构成要素，理解室内空间限定。
2. 了解室内空间的分类及其特点。
3. 掌握室内空间组织的基本方法和方式。
4. 了解空间形状和尺度。
5. 掌握各界面的设计要素。
6. 掌握室内空间界面设计的整体原则。

➡ 学习重点：

1. 室内空间的构成要素。
2. 室内空间的类型。
3. 空间分隔的两种方式。
4. 室内空间界面设计的整体原则。

📖 学习建议：

对室内空间的各项内容进行分析并掌握其设计实质，将实际工程和日常生活中所见的应用案例与本章内容结合起来学习，加深理解和记忆。

6.1　室内空间的构成要素与空间限定

6.1.1　室内空间的构成要素

根据人的活动和周围所联系的因素，在进行室内装饰设计时应该充分考虑到以下几个方面的要素，这些要素是决定室内环境好坏的主要因素。

1. 空间要素

室内装饰设计的要素很多，内部空间是室内装饰设计的主导要素，是建筑的灵魂。宇宙空间是无限的。在空间中，一旦放置了一个物体，马上就会建立起一种空间关系。人对空间的感知是借助于物体获得的。点、线、面和容积，这些几何学要素，可以用来构筑并限定空间。当这些几何要素处于建筑的尺度时，它们就是具有线性的柱或梁，或者是具有平面性质的墙面、地板面和楼板面。

进入建筑时，人们有种隐蔽感和被包围感。这种感觉来自周围室内空间的地板面、墙体面和顶棚。这些都是限定房间物质界线的建筑界面。

地面、墙面和顶棚及其包含的范围所起的作用，不仅表明了空间的容量、形态，同时组合而成的结构和门窗也充实了被限定空间的空间素质和建筑素质。人们使用诸如"大厅""阁楼""日光室""凹室"这类名词去区分尺度和比例，区别光照的质量，区分所包围空间的性质，并说明它与相邻空间的关系。

2. 室内基本装饰要素

建筑物中的内部空间是用建筑构造部件和围护构件——柱、墙、地面和屋顶进行限定的。这些构件赋予建筑以形态，在无限的空间中划出一块区域，并且建立一种室内空间的模式。

虽然室内空间设计效果取决于空间设计，但柱、墙、地面和屋顶的材料选择、细部处理、色彩应用等的巧妙组合、运用，将不仅影响到空间的功能和使用，还影响空间形态与空间风格中所表现出来的素质。因此，在进行室内装饰设计时，必须注意以下几点：

1）风格的一致性。

2）功能的确定性。

3）材料质感与色感。

4）空间效果的整体性。

5）人工照明与自然光影的利用（图6-1）。

3. 陈设要素

在室内装饰设计中，陈设品的范围极其广泛，大体上分为装饰性陈设品和功能性陈设品两大类。所谓装饰性陈设品，是指本身没有实用价值而纯粹作为审美价值的装饰品。所谓功能性陈设品，是指本身具有特殊用途兼有观赏趣味的实用品。陈设是室内设计的主要内容之一。

（1）装饰性陈设品。包括艺术品、工艺品、纪念品、观赏植物等（图6-2）。

（2）功能性陈设品。包括器物、灯具、枕垫、家具、书籍、音乐器材、运动器材、食品等（图6-3）。

a）　　　　　　　b）　　　　　　　c）

图 6-1　光影要素赋予空间的各种效果

a）　　　　　　　b）

图 6-2　装饰性陈设品

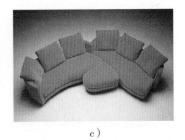

a）　　　　　　　b）　　　　　　　c）

图 6-3　功能性陈设品

　　陈设品的选择，除了必须充分把握个性原则，加强室内的精神品质外，同时必须兼顾以下几个因素：陈设品的风格、陈设品的形式、陈设品的色彩、陈设品的质地。

　　近几年室内陈设已发展成为一门专门的学科，服务于室内装饰设计的延伸与完善。

4. 绿化要素

绿化作为室内设计要素之一，与其他要素一样，在构成空间及美化环境方面起着重要的作用（图6-4）。

a)   b)   c)

图6-4　绿化在构成空间及美化环境方面起着重要的作用

利用绿化组织室内空间大致有以下几种方法。

（1）沟通空间。用绿化作为室内外空间的联系，将植物引进室内，使内部空间兼有自然界外部空间的因素，有利于内外空间的过渡。

（2）限定空间。利用绿化限定空间，具有更大的灵活性，可随时根据使用功能的变化而变化，不受任何限制。

（3）空间的指示与导向。利用绿化起到暗示与引导作用，由于它本身具有观赏的特点，能强烈吸引人们的注意力，因而能巧妙而含蓄地起到提示与导向的作用。

（4）柔化空间。室内配置绿化，利用植物独有的曲线，多姿的形态，柔软的质感和悦目的色彩，改变对空间的印象，并产生柔和的情调。

6.1.2　室内空间限定

人类经过长期的实践，对室内空间形态的创造积累了丰富的经验，但由于室内空间的丰富性和多样性，特别对于在不同方向、不同位置空间上的相互渗透融合，有时很难找出恰当的临界范围，明确地划分这一部分空间和那一部分空间，这就给室内形态分析带来困难。然而，人们从中抓出空间形态的典型特征及其处理方法的规律，就可以从千姿百态的空间中分析出空间形态的基本构成。

运用地面、墙面和顶棚来恰当地围合一个供人们进行各类活动和生活的"庇护所"，称为一次空间限定。一次空间限定，主要是研究和确定空间的形体关系与明暗关系。一次空间限定既有"量"的规定性，也有"质"的规定性。然而一次空间限定仅仅是室内中的"骨架"部分，是不能满足双重功能要求的，只有经过必要的二次空间限定，对室内的空间进行第二次组织、分隔，才能充实空间内涵，丰富空间层次，更好地满足物质功能与精神功能的要求。

空间限定一般有以下三种方式。

1. 利用水平要素限定空间

水平要素在室内设计中主要指地面、顶棚，各种升起的台和下沉的池。

（1）基面。一个最简单、最基本的空间限定。比如在居室中铺上一块地毯，这块地毯上部就形成了一个极富情调的休闲、会客空间（图 6-5）。在贵宾接待厅中为了显示浓重、热烈的气氛，中心区域也常采用材质或图案的对比，来强化中心区域的空间感。

（2）基面的升起与下沉。为了在视觉上加强基面所限定的空间范围，可以采用基面升起或下沉的方法。基面升起和下沉高低决定了这个空间范围的明确程度。当基面的升起或下沉较小，低于人的视线时，它所限定的空间流是连续的；当基面的升起或下沉较大时，即高于人的视线时它所限定的空间流被中断，成为较封闭的空间。基面的边缘和侧面色彩或质感进一步加强，也会增强这个空间的感觉（图 6-6）。

图 6-5　居室中铺上一块
地毯区分空间极富情调

图 6-6　汽车展厅

（3）顶面。一个顶面可以限定它本身至地面之间的空间范围。这个范围的边缘是由顶面的外边缘所限定的，因此其空间的形式是由顶面的形状、大小和地面与顶面之间的高度所决定的。顶面的边沿向下翻，或顶面所对应在地面上的部分升起或下沉，这个顶面所限定的空间范围将会进一步得到加强。

在室内设计中，顶面的因素非常活跃，我们经常在一个高度的顶棚基础上，进行二次吊顶，以达到突出重点空间的目的。同样在一个顶棚平面上，经过良好限定的"负"形，如天窗、凹入部分或藻井等，有时也可以被看作具有"正"形的顶面。

顶面与地面之间的高度对空间的影响很大，这可以从两个方面来分析：绝对高度（即相对于人的高度）过低使人感到压抑，过高则使人感到不亲切；相对高度（高度与顶面的面积比例）越小则空间感越强，反之则空间感越弱。

2. 利用垂直要素限定空间

水平要素限定的空间，其垂直边缘是暗示的。因此，垂直要素比水平要素对空间的限定更加直接，更加有效。在室内设计中，垂直要素主要包括：柱、墙面、隔断等。

（1）垂直线。垂直线的要素：如一根柱子在地面上确定了一个点，它没有方向性。没有转角和边缘的限定，也就没有空间的体积。独立的垂直线就可以用于此目的，去限定一种对环境要求有视觉通透性的空间，如室内独立的装饰柱和广场的纪念柱都属于这种要素。

两根柱子可以限定一个面，这两根柱子之间视觉上的张力形成了一道透明的"墙"。柱子的数量越多，这道墙的感觉越明确。三根或更多柱子可以排成限定空间体积的角。在每一个边上增加柱子的数量可以进一步加强这种空间的体积感。

（2）单一垂直面。单一垂直面单独直立在空间里，可以把它当成是穿过和分割空间体积的一个面。一个面将原有空间一分为二，并形成这两个空间的边沿。一个面并不能完成限定它所面临的空间范围的任务。为了限定一个空间体积，一个面必须和其他的形式要素共同起作用（图6-7）。

（3）组合垂直面。组合垂直面有多种形式：L形组合、平行组合、U形组合和口形组合。

1）L形组合的垂直面，从它的转角处沿对角线向外限定了一个空间范围。这个范围被转角强烈地限定和围起，从转角沿对角线向外，空间感越来越弱。转角处具有内向性，边沿部分具有外向性。

2）平行组合的垂直面，限定了在它们之间的范围。这个范围两端开敞，是两个面的垂直边沿所构成，这种空间具有强烈的方向感，同时也是外向性的空间。

3）垂直面的U形组合限定了一个空间范围，它的一面具有内向性，另一面具有外向性。内向性的一面极易成为视线焦点。许多主席台的背景、公司标识，以及壁龛的处理手法均利用了这一原理。

4）口形组合是四个垂直面完整地围起了一个空间，这是室内空间中限定最典型，也是最完整的一种。由于它的四面完全围起，所以这种限定方式具有内向性。

3. 水平要素与垂直要素的组合

两者组合必然产生矩形空间，矩形空间是室内空间中最常见的形式，其长、宽、高的比例不同，整个空间形状会产生很大的变化，不同形状的空间会使人产生不同的感受。

（1）窄而高的空间。这类空间由于竖向的方向性比较强烈，会使人产生向上的感觉，激发出兴奋、自豪、崇高和激昂的情绪。欧洲的许多古典教堂很好地运用了这类空间的特性，现代建筑中也有很多这样的空间设计（图6-8）。

图6-7　垂直面限定

图6-8　窄而高的空间

（2）细而长的空间。这类空间由于纵向的方向性比较强烈，可以给人以深远之感。这种空间诱导人们怀着一种期待和寻求的情绪，空间深度越大，这种期待和寻求的情绪就越强烈。这种空间具有引人入胜的特征。走廊就属于这类空间，在走廊的端头常设置一对装饰品，更好地起到引人入胜之感。

（3）低而大的空间。这类空间可以使人产生开阔和博大的感觉。但如果这种空间的高度与面积比过小，也会使人感到压抑和沉闷。

6.2　室内空间的类型与特点

6.2.1　按围合形式划分

按围合形式，室内空间可分为结构空间、封闭空间、开敞空间。

1. 结构空间

建筑结构部分外露，表达建筑结构营造技艺所形成的空间的美，可称为结构空间。

人们对结构的精巧构思和高超技艺有所了解，引起赞赏，从而更加增强室内空间艺术的表现力与感染力，这已成为现代空间艺术审美中极为重要的倾向。

室内装饰设计师应充分利用合理的结构本身为视觉空间艺术创造所提供的明显的或潜在的条件。

结构的现代感、力度感、科技感和安全感，比之烦琐和附加的装饰构造，更具有震撼人心的魅力。

充分暴露的结构，表现出充满了力度和动势的几何形体的美，成为这一空间中具有吸引视线的绝对优势的因素（图6-9）。

图6-9　结构空间

2. 封闭空间

由比较高的围护实体包围起来的，无论是对视觉、听觉还是小气候等都有很强隔离性的空间称为封闭空间。其性格是内向的、拒绝性的，具有很强的领域感、安全感和私密性。它与周围环境的流动性较差。

随着维护实体限定性的降低，封闭性也会相应减弱，而与周围环境的渗透性相对增加。在不影响特定的封闭机能的原则下，为了打破封闭的沉闷感，设计经常采用灯窗、人造景窗、镜面等来扩大空间感和增加空间的层次。

小面积的套房，卧室平面紧凑，围护感强，密实的推拉隔断又辅以帘幕，有很强的私密性与亲切感（图6-10）。

a）　　　　　　　　　　　b）　　　　　　　　　　　c）

图 6-10　封闭空间

3. 开敞空间

开敞的程度取决于有无侧界面，侧界面的围合程度，开洞的大小及启闭的控制能力等。开敞空间是外向性的，限定度和私密性较小，强调与周围环境的交流、渗透，讲究对景、借景，与大自然或周围空间的融合。与同样面积的封闭空间相比，要显得大一些。心理效果表现为开朗、活跃，性格是接纳性的。

开敞空间经常作为室内外的过渡空间，有一定的流动性和很高的趣味性，是开放心理在环境中的反应（图 6-11）。

a）　　　　　　　　　　　　　　　b）

图 6-11　开敞空间

6.2.2　按形状划分

按形状，室内空间可分为方形空间、圆形空间、锥形空间、不规则空间和球形空间。

设计是一种图式语言，各种几何形态是这种语言的词汇。

不同几何形态的空间因为特性各不相同，设计时有不同的特点。分析不同几何形态的空间，如方形空间、圆形空间、锥形空间等，首先要研究的是其平面两维上的几何特性。在各种几何形态中，方、圆属于最基本的几何原形，其他的几何形态，都来源于这两个原始形状。

1. 方形空间

方形空间包括正方形空间和长方形空间。

在几何学中，正方形可以认为是长宽相等的特殊的长方形，正因为其边长相等，正方形又具有不同于长方形的特性。

　　不同的空间形态有不同的表情，一般来说，直面限定的空间表情严肃，曲面限定的空间表情生动。

　　从形态上来看，方形构图严谨、整齐、平稳，体现一种静态的平衡，单纯的方形空间适合于要求表情庄重和肃穆的场所（图 6-12）。

图 6-12　方形空间

　　方形平面，特别是正方形平面，等边又等角，在平面空间形态划分时，容易形成一定的几何关系，和谐而有变化，具有很强的平面生成能力。同时一般来讲，它与其他平面形态相比较，更能适合不同形式和功能的需要。

　　帕拉第奥（Palladio）设计的古典式别墅系列是以方形作为基本的平面形式的。经过计算机的分析和演绎，可以生成其他许多具有相同"帕拉第奥文法"的平面图。

　　运用单元方形空间作为基本元素构筑空间是现代设计师常用的方法，先运用不同空间性质的立方体：实的、虚的、半实、半虚，再做形态上的各种转换，放大、缩小、切割、旋转等，然后按照一定的空间构成规律排列组合，可以得到丰富而统一的空间。

　　安藤忠雄设计的黑日贝西住宅的基本空间构架是由四个立方体组合而成的。在安藤的作品中，形都被整合成几何形状，简洁而明确；外观往往极其单纯，而内部空间却相当复杂、精致，像一件空间的雕塑。

2. 圆形空间

圆形空间，具有向中心凝聚和向周边发散的特点，因此圆形空间具有向中心的围合感，中央空间停滞，周边部分流动，这是圆形空间导向性的特点。虽然空间由曲面围合而成，但古典式的圆形空间仍然有庄重的表情（图 6-13）。

a)　　　　　　　　　b)　　　　　　　　　c)

图 6-13　圆形空间

如图 6-14 所示，美国纽约州的某美术馆设计以圆和螺线作为构图的要素，从平面也可以感受到弧形分隔圆形空间的流畅和美感，圆弧形的墙体和空间相互延伸和渗透，空间也仿佛活泼起来，显得生动而令人回味。

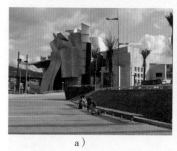
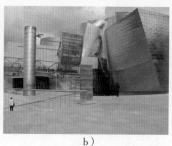

a)　　　　　　　　　b)　　　　　　　　　c)

图 6-14　美国纽约州某美术馆

3. 锥形空间

锥形空间的平面基本形态是由三角形或由三角形和其他形态组合而成的，这种形态的空间设计与方形空间相比，要设计得好会有一定难度，但通过合理和精心的布局，仍然可以得到巧妙的平面和有趣的空间。

平面三角形在力学上是最稳定的，但平面形态为三角形的锥形空间却有着不稳定的表情。

在著名建筑师贝聿铭的作品中，有许多是以锥形作为平面构图的，有些是地形的需要，有些则是出于空间形态上的考虑。贝聿铭是设计空间的大师，对于这种有难度的空间，其设计不但功能布局巧妙，而且空间关系处理得很好（图 6-15）。

现在许多设计师喜欢运用过去从功能使用效率上来讲不太经济的锥形空间，一方面是因为锥形空间表情生动、空间动态、富有变化的特点；另一方面，锥形空间的不稳定感也吻合了当代人面对高速发展的社会的心理状态。

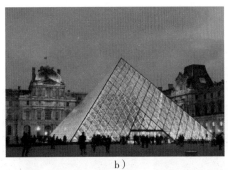

a) b)

图 6-15 卢浮宫前玻璃金字塔

4. 不规则空间

这种类型的空间可以看作是由一些基本的空间形式（方、圆、三角形空间等）总和构成的，空间的表情像复杂的建筑外形一样是多变的、不定的，所以比较适合用于轻松活泼的空间场所设计。当然，现在许多设计师都喜欢这类带有矛盾、冲突等感情色彩的异型空间，他们会用它们来设计任何内容的建筑和室内。

不规则空间在空间上一般使用效率不高，也就是不太经济，而且不太适合所谓的动态开放空间——经常要变换功能要求的空间；这类空间属"无理空间"，因为空间的限定因素，空间在平面规划时，不同空间形式结构生成的可能性也较少；平面设计的基本原则是适形的。

5. 球形空间

球形空间最早是从古老的穹窿结构开始的，穹窿其实是一种半球形的空间，随着结构技术等各方面条件的发展，到了现代，出现了采用各种结构技术的球形空间。与其他空间形式不同的是，球形空间的空间形态是连续的、完整的，而且常使人联想到天空，所以，有它独特的魅力。

砖混结构的罗马万神庙的穹窿顶直径达到了 43m，顶端高度也是 43m，它的中央开了一个直径约 9m 的圆洞，象征着人的世界和神的世界的联系，当看到巨大的穹窿顶透过强烈的阳光时，会使人更加感到空间的撼人力量（图 6-16）。

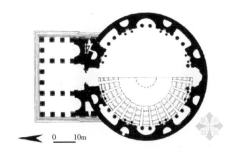

0 10m

图 6-16 罗马万神庙

上海东方明珠广播电视塔是目前亚洲第一高塔，由球体和筒体经过有机的组合形成巨大的空间框架，球体分为下球、中球、上球和太空舱。最顶端的太空舱直径 16m，有观光、咖啡酒吧等场所；上球直径 45m，设有广播电视发射房、机房及观光、娱乐设施；中球共 5 个，直径各 12m，设客房；下球直径 50m，为观光、娱乐空间（图6-17）。

图 6-17　东方明珠广播电视塔

6.2.3　按大小划分

按空间的体量，室内空间可分为大空间、小空间。一般认为，公共性的建筑，如影剧院、体育馆、商场、宾馆等体量较大，有大量人流活动的场所是大空间，而住宅、专卖店、店铺等体量较小的空间，属于小空间。空间的大小是相比较而言的，没有绝对的量化标准，大空间可以认为是由许多小空间构成的，而小空间又可以认为是由许多更小的空间构成的。大空间和小空间由于空间体量的差异，除了给人不同的心理感受外，在具体空间规划设计时也有不同的差别和注意点。

大空间的功能一般较多，空间规划时考虑的限定因素很多，应选择合适的空间构成方式来调整这些限定因素，使体量大的空间在功能上好用、在空间形态上生动丰富是设计的目的。与小空间相比，难度要大得多。除了功能以外，在纯空间形态规划上要注意空间的尺度、空间的秩序。

小空间虽然小，但在空间上仍然要合理布局，使空间各个部分既符合功能上的要求，又在整体空间形态上形成一定的空间关系，在许多方面同样要运用好空间构成的规律，如空间的对比、空间的围透、空间的组合等。小空间与大空间形成不同的对比，让人感觉亲切、宜人、灵活、丰富。

6.2.4　按动静形态划分

1. 动态空间

动态空间引导人们从"动"的角度观察周围事物，把人们带到一个由空间和时间相结合的"第四空间"。动态空间有以下特色（图6-18）。

1）利用机械化、电气化、自动化的设施，如电梯、自动扶梯、旋转地面、可调节的围护面、各种管线、活动雕塑以及各种信息展示等，加上人的各种活动，形成丰富的动势。

2）组织引入流动的空间系列，方向性比较明确。

3）空间组织灵活，人的活动路线不是单向而是多向。

4）利用对比强烈的图案和有动感的线型。

5）运用多变的光影，生动的背景音乐。

6）引进自然景物，如瀑布、花木、小溪、阳光乃至禽鸟等。

图 6-18　动态空间

2. 静态空间

人们热衷于创造动态空间，但仍不能排除对静态空间的需要，这既是基于动静结合的生理规律和活动规律，也是为了满足心理上对动与静的交替追求（图 6-19）。静态空间一般有以下一些特点：①空间的限定度较强，趋于封闭型；②多为尽端空间，序列至此结束，私密性较强；③多为对称空间（四面对称或左右对称），除了向心、离心以外，较少有其他的倾向，达到一种静态的平衡；④空间及陈设的比例、尺度协调；⑤色调淡雅和谐，光线柔和，装饰简洁；⑥视线转换平和，避免强制性引导视线的因素。

图 6-19　静态空间

6.2.5　按空间的"虚"与"实"划分

1. 虚拟空间

虚拟空间的范围没有十分完备的隔离形态，也缺乏较强的限定度，只靠部分形体的启示，依靠联想和"视觉完形性"来划定空间，所以又称"心理空间"。这是一种可以简化装修而获得理想空间感的空间，它往往是处于母空间中，与母空间流通而又具有一定独立性和领域感。

虚拟空间可以借助各种隔断、家具、陈设、绿化、水体、照明、色彩、材质，结构构建及改变标高等因素形成。这些因素往往也会形成重点装饰。如借助圆形地毯，划分出一个促膝谈心的空间，虽然是虚拟的，但颇有向心力。又如睡眠区与工作区只是用柱子及顶棚的变化来划分，没有明确的边界，相互交融而又有各自的领域感和独立性。

2. 虚幻空间

虚幻空间是指室内设计有镜面或其他具有镜面反射的材质，通过镜面反射把人们的视线带到镜面背后的虚幻空间去，于是产生空间扩大的视觉效果，有时还能通过几个镜面的折射，把原来平面的物件造成立体空间的幻觉，紧靠镜面的物体，还能把不完整的物件（如半圆桌），造成完整的物件（圆桌）的假象。因此，室内特别狭小的空间，常利用镜面扩大空间感，并利用镜面的幻觉装饰来丰富室内景观。除镜面外，有时室内还利用有一定景深的大幅画面，把人们的视线引向远方，造成空间深远的意象。

6.3 室内空间组织设计

6.3.1 室内空间组织的内容和要求

1. 室内空间组织的内容

空间组织的内容，首先是界面围合，它是空间形象构成的主要方面，包括空间分隔、空间组合与界面处理三个部分。其次是对不同的建筑内部空间进行有序的功能和形式的组织与安排，创造出一个有一定联系性的合理的建筑内部空间关系，即空间的秩序（图6-20）。它包括空间主从的关系、空间流程关系、空间路径等。

图6-20 空间秩序

空间组织要求设计师要对原有建筑设计的意图充分理解，对建筑物的总体布局、功能分析、人流动向以及结构体系等有深入的了解，在进行室内设计时对室内空间和平面布置予以完善、调整或再创造。同时由于现代社会生活的节奏加快，建筑使用功能发生变换，也需要对室内空间进行改造或重新组织，这在当前对各类建筑的更新改建任务中是最为常见的内容。

2. 室内空间组织的基本要求

设计师是物质环境的创造者，不但应关心人的物质需要，更要了解人的心理需求，并通过良好的优美环境来影响和提高人的心理素质，把物质空间和心理空间统一起来。合理地利用空间，不仅反映在对内部空间的巧妙组织，还表现在空间大小、形状的变化和整体与局部之间的有机联系，在功能和美学上达到协调和统一。组织空间离不开结构方案的选择和具体布置，结构布局的简洁性和合理性与空间组织的多样性和艺术性，应该很好地结合起来；同时考虑室内家具等的布置要求以及结构布置对空间产生的影响。

6.3.2 室内空间组织的基本方法和方式

1. 空间分隔

空间的分隔指单一空间形态的再分隔，是为了寻求空间的进一步丰富而进行的竖向或横向的再分隔形式。竖向分隔又可分为全隔和半隔。横向分隔通常都是半隔（小于深度或宽度的二分之一，又分为单面、对面或环形分隔），根据其高度的不同，分隔效果也不一样。位置较高时，分隔面下的空间与主体空间融为一体；位置较低时，分隔面下的空间具有相对的独立性。

空间类型或多或少与分隔和联系的方式分不开。空间的分隔和联系不单是一个技术问题，也是一个艺术问题，除了从功能使用要求来考虑空间的分隔和联系外，对分隔和联系的处理，如它的形式、结构、尺寸、比例、方向、线条、构成以及整体布局（包括空间序列）等，都对整个空间设计效果有着重要的意义，反映着室内设计的特色和风格。

　　空间分隔首先是室内外空间的分隔。如入口、天井、庭院，它们都与室外紧密联系，体现室内空间与自然空间的结合、交融等。其次是内部空间之间的关系，体现空间的封闭和开敞的关系、空间的静止和流动的关系、空间过渡的关系，空间的开合的组织关系则为开放性与私密性的关系。最后是个别空间内部在进行装修、布置家具和陈设时，对空间的再次分隔。这三个分隔层次都应该在整个设计中获得高度的统一（图6-21）。

图 6-21　空间分隔

　　建筑物的承重结构，如承重墙、柱、剪力墙以及楼梯、电梯井和竖向管线井等，都是空间固定不变的分隔因素。因此，在划分空间处理时应特别注意它们对空间的影响。非承重结构的分隔材料，如各种轻质隔断、落地罩、博古架、帷幔、家具、绿化等分隔空间，应注意它们构造的安全性和装饰性。

　　空间分隔有两种基本方式：

　　（1）绝对分隔。绝对分隔是人的各种感觉的完全分隔。实体界面主要以到顶的承重墙、轻体隔墙等组成。具有分隔明确，界限清晰的特点，有良好的隔离效果（隔视线和光线、隔声音、隔温湿度等）以及有安静、私密的特性。

　　（2）相对分隔。相对分隔是人的感觉上的空间分隔。在室内中是指局部界面，主要用不到顶的隔墙、屏风，较高的家具等构成分隔。相对分隔包括意象分隔、象征性分隔，利用顶棚、地面的高低变化或色彩、材料质地的变化，作为空间虚拟限定。这类分隔的空间划分隔而不断，通透而层次丰富，流动性极强。如非实体界面是以栏杆、罩、花格、构架、玻璃等通透的隔断，以及家具、绿化、水体、色彩、材质、光线、高差、悬垂物等因素组成的复杂多变形式的综合分隔。

　　在单一空间中，有时为了满足结构和功能的需要，让空间更富有变化，这时原有的空间就要进行重新分隔。

　　1）利用建筑结构与装饰构架分隔空间：利用建筑本身的结构和内部空间的装饰构架进行分隔，具有力度感、工艺感、安全感。结构架以简练的点、线要素组成通透的虚拟界面（图6-22）。

　　2）利用隔断与家具分隔空间：利用隔断或家具进行分隔，具有很强的领域感，容易形成空间的围合中心。隔断以垂直面的分隔为主，家具以水平面的分隔为主（图6-23）。

　　3）利用光色与质感分隔空间：利用色相的明度、纯度变化，材质的粗糙平滑对比，照明的配光形式区分，达到分隔空间的目的（图6-24）。

　　4）利用界面凹凸与高低分隔空间：利用界面凹凸与高低的变化进行分隔，具有较强的

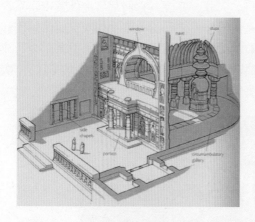

图 6-22　利用建筑结构与装饰构架分隔空间

图 6-23　利用隔断与家具分隔空间

图 6-24　利用光色与质感分隔空间

展示性，使空间的情调富于戏剧性变化，活跃与乐趣并存（图 6-25）。

　　5）利用陈设与装饰分隔空间：利用陈设和装饰进行分隔，具有较强的向心感，空间充实，层次变化丰富，容易形成视觉中心（图 6-26）。

　　6）利用水体与绿化分隔空间：利用水体与绿化进行分隔，具有美化和扩大空间的效应，充满生机的装饰性，使人亲近自然的心理得到很大满足。虚实得宜，构成有序，自成体系（图 6-27）。

图 6-25　利用界面凹凸与高低分隔空间

图 6-26　利用陈设与装饰分隔空间

图 6-27　利用水体与绿化分隔空间

　　合理利用空间，不仅反映在对内部空间的巧妙组织，而且在空间的大小、形状的变化，使整体和局部之间达到协调和统一。人们对空间环境气氛的感受，通常是综合的、整体的。既有空间的形状，也有作为实体的界面。空间形态是空间环境的基础，它决定空间总的效果，对空间环境的气氛、格调起着关键性的作用。

2. 室内空间组合

室内空间组合的特征，其一是各空间均具有相对独立性，即两个毗邻的空间不能同时在视野内完整地呈现；其二是全部室内空间连贯一气。空间与空间之间的组合变化，创造了多种空间形态，空间形态上的开敞与封闭，以及便于交通、观赏、通风作用的门、窗的开启，又使空间产生了多种变化形式。

（1）包容性组合。以二次限定的手法，在一个大空间中包容另一个小空间的组合。

（2）穿插性组合。以交错嵌入的方式进行的空间组合。

（3）邻接性组合。两个以上不同形态的空间以连接的方式进行的组合。

（4）过渡性组合。以空间界面交融渗透的限定方式进行的组合。

（5）综合性组合。综合自然及内外空间要素，以灵活通透的流动性空间处理进行的组合。

3. 空间组织方式

（1）线性结构。空间以直线、折线或弧线逐个相连来表示空间序列，是一种以廊为主的组合方式，常见于办公室、旅馆和医院（图6-28）。

图6-28　线性结构

（2）放射性结构。一种以中心空间为主的组合方式，由一定数量的次要空间围绕着一个中心空间而构成，次要空间可以形式不同、大小各异、活泼而有变化，也可形式大小完全一样。如家庭的各个部分（卧室、书房、餐、厨、卫等空间）围绕着一个中心客厅空间展开，博物馆中画廊围绕着中庭展开的方式。

（3）轴心结构。由一个中心空间和一些向外辐射扩展的线式空间组合而成。它适应性强，且建筑形体舒展，造型丰富。

（4）格栅形结构。其是由具有相同功能和结构特征的单元以重复的方式并列在一起。各单元之间没有次序关系，可以相互连接也可以不连接。

6.4　室内空间的形状与尺度

我们都知道，空间是建筑的主体。在室内空间中为了满足人的基本空间要求，不只要为人们提供不同类型的，如固定的、半固定的和可变动的室内空间环境，而且环境中还要有足够的标识，有形、色、材、光、味的变化。人们需要一个健康、舒适、愉悦和富于文化品位的室内环境，室内空间的象征和表现作用折射出了人们的精神文明的发展，因而室内空间造型是室内设计要表现的一个重要方面。室内装饰设计成为将不同的因素在不同场合以不同方式综合在一起的艺术。而体现室内设计这一综合因素的艺术效果的最佳手段就是要抓住室内空间造型。

6.4.1　室内空间的形状

　　世界上的一切物质都是通过一定的形式表现出来的，室内空间的表现也不例外。建筑就其形式而言，就是一种空间构成。

　　空间的尺度与比例，是空间构成形式的重要因素。任何形体都是由不同的点、线、面、体所组成。在尺度上应协调好绝对尺度和相对尺度的关系，室内空间形式主要决定于界面形状及其构成方式。在三维空间中，等量的比例如正方体、圆球，没有方向感，曲面、弧形、锥体、不规则形等就有比较活泼、富有变化的效果。有些空间直接利用上述基本的几何形体，更多的情况是，进行一定的组合和变化，使得空间构成形式丰富多彩。

　　建筑空间的形成与结构、材料有着不可分割的联系，空间的形状、尺度、比例以及室内装饰效果，很大程度上取决于结构组织形式及其所使用的材料质地。把建筑造型与结构造型统一起来的观点，越来越被广大建筑师所接受。艺术和技术相结合产生的室内空间形象，正是反映了建筑空间艺术的本质，是其他艺术所无法代替的。室内空间是按其形状被人们感知的。大的室内空间能构成一个集中的以它为中心的目标，但空间还是有被切割重组的特征，这也是现代建筑室内空间的一个重要形态特征。空间经过切割重组可变成多种形状，被切割的部分与切除的部分彼此保持着一定的分割和联系。如果再将它们重新组合在一起，将自然形成空间形状的多样协调和审美趣味。

　　室内空间的造型又直接受到限定空间方式的影响，室内空间的高低、大小、曲直、开合等都影响着人们对空间的感受。因此室内空间的形状可以说是由其周围物体的边界所限定的，包括平面形状和剖面形状（图 6-29）。

图 6-29　空间形状

6.4.2　室内空间的尺度

　　空间的形状与空间的比例、尺度都是密切相关的，直接影响到人对空间的感受。

　　室内空间是为人所用的，是为适应人的行为和精神需求而建造的。因此，在可能条件下，我们在设计时应选择一个最合理的比例和尺度。这里所谓的"合理"是指符合人们生理与心理两方面的需要。当我们观测一个物体或者说室内空间的大小时，往往运用它周围已知大小的要素，作为衡量的标尺。这些已知大小的要素成为尺度给予要素。其一，它们的尺寸和特征是人们凭经验获得并十分熟悉的；其二，人体本身也可以度量空间的大小、高矮。因此，我们可以把尺度分成以下两种类型：

（1）整体尺度——室内空间各要素之间的比例尺寸关系。

（2）人体尺度——人体尺寸与空间的比例关系。

注意，这里要说明的是"比例"与"尺度"概念不完全一样。比例是指空间的各要素之间的数学关系，是整体和局部间存在的关系；而尺度是指人与室内空间的尺度以及尺度关系所产生的心理感受。因此，室内空间设计同时要考虑两种尺度，一个是以整个空间形式为尺度的；另一个则是以人体作为尺度的。

室内许多要素的尺寸都是人们所熟悉的，因而能帮助我们判断周围要素的大小，像住宅室内的窗户、门、家具等，能使人们想象出房子有多大、有多高，楼梯各栏杆可以帮助人们去度量一个空间的尺度，正因为这些要素为人们所熟悉，因此他们可以有意识地用来改变一个室内空间的尺寸感（图6-30）。

图6-30　空间尺度

6.5　室内空间界面设计

室内界面，即围合成室内空间的底面（楼板、地面）、侧面（墙面、隔断）和顶面（平顶、顶棚）。人们使用和感受室内空间，但通常直接看到甚至触摸到的为界面实体。

从室内设计的整体观念出发，我们必须把空间与界面、"虚无"与实体，这一对"无"与"有"的矛盾，有机地结合在一起来分析和对待。但是在具体的设计进程中，不同阶段也可以各具重点，例如在室内空间组织、平面布局基本确定以后，对界面实体的设计就显得非常突出。

　　室内界面的设计，既有功能技术要求，也有造型和美观要求。作为材料实体的界面，有界面的线形和色彩设计，界面的材质选用和构造问题。此外，现代室内环境的界面设计还需要与房屋室内的设施、设备予以周密的协调，例如界面与风管尺寸及出、回风口的位置，界面与嵌入灯具或灯槽的设置，以及界面与消防喷淋、报警、通信、音响、监控等设施的接口也极需重视。

6.5.1　界面的设计要素

　　（1）结构性要素。在空间界面的形态构成设计中，物体结构的客观性与视觉刺激的主观性是统一的。结构不仅仅是物体存在的本身，而且还要符合人的视觉习惯，也就是说，物体的结构存在于两方面的性质，即功能性结构要素和视觉性结构要素。视觉性结构要素有其自己的艺术语言，形式美是它最根本的特征。

　　构成结构性实体界面所用的材料、结构关系都是构成建筑空间美的一部分。体现功能结构性审美主要应具备以下三个条件：首先，要发挥结构构件的力学功能；其次，通过结构、材料的巧妙组合使其具有合理的荷载传递方式；最后，使建筑的整体与组成整体的各个局部之间具有符合肌理平衡的条件（图 6-31）。

图 6-31　结构性要素

　　（2）围合性要素。在室内实体界面中，围合性界面具有限定的确定性和心理限定的双重作用。如果说结构性界面在室内空间中起到了框架的作用，它构成了一定的空间形体——通过运用空间的六面体成为人们的"庇护所"，这样的空间我们暂可称它为"原空间"，它完全是一种室内空间的原生形态，它的限定是不完全的。而室内空间运用围合性的界面会使得内部空间的功能更加明确。围合性界面是以结构性界面为基础，以围合一定的空间体积为主要目的，使功能的要求更加明确，同时又表达了整个室内空间的意义（图 6-32）。

　　（3）功能性要素。我们将那些相对于建筑的整体而言具备一定功能的单元称为功能性界面。它的存在以解决使用者的使用以及整个空间环境的功能需要为基础，它是建筑整体的硬件部分，如门、窗、楼梯以及技术型设备等（图 6-33）。

　　功能性设计要素一般具备两个基本属性，一是它可以在发挥一般性的功能基础上夸大形式美，实际上这种方法是精神尺度大于使用尺度，它反映了精神功能的扩大机制；二是它是技术性的代表，展示技术美是它的特点。体现功能性设计要素的技术美和形式美往往是可以互相转化的。

图 6-32　围合性要素

图 6-33　功能性要素

（4）表现性要素。表现性要素是实体界面设计要素之一。形式感是它的主要特征，因为它具有鲜明的个性和不确定性，也给室内空间带来了趣味性和艺术感。

6.5.2　界面的要求和功能特点

底面、侧面、顶面等各类界面，室内装饰设计时，既对它们有共同的需求，各类界面在使用功能方面又各有它们的特点。

1. 各类界面的共同需求

1）耐久性及使用期限。

2）耐燃及防火性能（现代室内装饰应尽量采用不燃及难燃性材料，避免采用燃烧时释放大量浓烟及有毒气体的材料）。

3）无毒（指触摸其体积时散发的有害物质低于核定剂量）。

4）无害的核定放射剂量（如某些地区所产的天然石材有一定的氡放射剂量）。

5）易于制作安装和施工，便于更新。

6）必要的隔热保暖、隔声吸声性能。

7）装饰及美观要求。

8）相应的经济要求。

2. 各类界面的功能特点

1）地面（楼、地面）——耐磨、防滑、易清洁、防静电等。

2）侧面（墙面、隔断）——挡视线，较高的隔声、吸声、保暖、隔热要求。

3）顶面（平顶、天棚）——质轻，光反射率高，较高的隔声、吸声、保暖、隔热要求。

6.5.3　室内界面处理及其感受

人们对室内环境气氛的感受，通常是综合的、整体的。既有来自空间形状，也有作为实体的界面的。视觉感受界面的主要因素有：室内采光、照明、材料的质地和色彩、界面本身的形状、线脚和图案肌理等。

在界面的具体设计中，根据室内装饰环境气氛的要求和材料、设备、施工工艺等现实条件，也可以在界面处理时重点运用某一手法。例如：显露结构体系与构件构成，突出界面材料的质地与纹理；强调界面凹凸变化造型特点与光影效果；强调界面色彩或色彩构成；注意界面上的图案设计与重点装饰。

1. 材料的质地

室内装饰材料的质地，根据其特性大致可以分为：天然材料与人工材料；硬质材料与柔软材料；精致材料与粗犷材料。如磨光的花岗石饰面板，即属于天然硬质精致材料，斩假石即属人工硬质粗犷材料等。

天然材料中的木、竹、藤、麻、棉等材料常给人们以亲切感，室内采用显示纹理的木材、藤竹家具、草编铺地以及粗略加工的墙体面材，粗犷自然，富有野趣，使人有回归自然的感受。

不同质地和表面加工的界面材料，给人们的感受示例（图 6-34）：

平整光滑的大理石——整洁、精致、豪华。

纹理清晰的木材——自然、亲切。

具有斧痕的斩假石——有力、粗犷。

全反射的镜面不锈钢——精密、高科技、现代。

清水勾缝砖墙面——传统、乡土情。

大面积灰砂粉刷面——平易、整体感。

a)　　　　　　　　　　　b)　　　　　　　　　　　c)

图 6-34　不同的材料界面

由于色彩、线形、质地之间具有一定的内在联系和综合感受，又受光照等整体环境的影响，因此，上述感受也具有相对性。

2. 界面的线形

界面的线形是指界面上的图案、界面边缘、交接处的线脚以及界面本身的形状。

（1）界面上的图案与线脚。界面上的图案必须从属于室内环境整体的气氛要求，起到烘托、加强室内精神功能的作用。根据不同的场合，图案可能是具象的或抽象的、有彩的或无彩的、有主题的或无主题的；图案的表现手段有绘制的、与界面同质材料的，或以不同材料制作。界面的图案还需要考虑与室内织物（如窗帘、地毯、床罩等）的协调。

界面的边缘、交接、不同材料的连接，它们的造型和构造处理，即所谓"收口"，是室内装饰设计中的难点之一。界面的边缘转角通常以不同断面造型的线脚处理，如墙面木台度下的踢脚和上部的压条等的线脚，光洁材料和新型材料大多不作传统材料的线脚处理，但也有界面之间的过渡和材料的"收口"问题。

界面的图案与线脚，它的花饰和纹样，也是室内设计艺术风格定位的重要表达语言。

（2）界面的形状。界面的形状，较多情况是以结构构件、承重墙柱等为依托，以结构体系构成轮廓，形成平面、拱形、折面等不同形状的界面；也可以根据室内使用功能对空间形状的需要，脱开结构层另行考虑，例如剧场、音乐厅的顶界面，近台部分往往需要根据几何声学的反射要求，做成反射的曲面或折面。除了结构体系和功能要求以外，界面的形状也可按所需的环境气氛设计。

（3）界面的不同处理与视觉感受。室内界面由于线形的不同、花饰大小的尺度各异、色彩深浅的各样配置以及采用各类材质，都会给人们视觉上以不同的感受。

6.6 室内空间界面设计的一般原则

6.6.1 室内空间界面设计的整体原则

建筑的室内空间是由地面、顶面、墙面围合限定而成，从而确定了室内空间的大小、形状，形成了室内环境。虽然室内环境效果取决于空间设计，但室内墙面、地面、顶棚的材料选择、细部处理、色彩的应用等，对室内环境气氛的烘托同样具有很大影响。良好的室内环境塑造并非指墙面、地面、顶棚的表面装饰处理，而是如何将室内装饰与室内空间设计有机地结合起来，形成整体，共同创造，满足人们心理上、精神上的舒适的要求。

空间的墙面、顶面、地面（简称三面）三面之间的装修应根据使用要求统一考虑，如商业建筑，在墙面与顶部装修时应尽量简洁明快，各种照明设施的重点应在商品上，色彩应淡雅，注意处理好商品与墙面的底图关系和色彩关系。

6.6.2 地面

地面是室内空间的基面，是支承家具和室内活动的承台，人通过平视、俯视都能感觉到它的变化，在行走时能直接体验其触觉与性质，因此地面作为承受面，它需要坚固耐久，能经受使用与磨损，然而作为视觉主要因素，它必须与整个空间一样完善，并通过变化能引导人们的方向。地面的装饰材料很多，有地砖、木地板、花岗石、水磨石、地毯等。

在设计地面时应考虑以下几个因素：

1. 功能因素

在地面设计时考虑功能因素是很重要的，功能是铺砌形式、形状、范围、大小的依据。如休息大厅内为了限定一个休息空间，地面的不同划分和铺砌形式以及地面的凹凸都将起到积极作用。

2. 导向性因素

利用地面导向性处理效果是非常好的，一般往往在门厅、走廊、商店的购物通道等空间内采用导向性的构图方式，使顾客根据地面的导向从一个空间进入另一个空间，特别对一些较隐秘的空间，则作用更大。同济大学科技馆，利用演讲厅的升起要求，形成了一条向上的通道，解决了演讲厅的疏散问题，同时地坪的不断升高及层层的花坛，不断升高的灯具，都具有引导人流的作用。

3. 装饰性因素

地面设计不仅考虑功能作用，而且往往还考虑抽象性图案作为地面装饰设计。运用点、线、面的构图形成自由的、活泼的、几何的装饰图案，其目的是使整个空间活泼、跳跃，给人以一种轻松的感觉。

利用不规则的图案，构成了丰富的变化，点、线、面，不规则的排列具有生动之感，使整个空间显得活泼而有生气。如地面构成引入水面，以水调节地面质感，在硬地中辟一条柔软的水面地带，使人产生对自然野趣的联想，水面与地面形成的折线，水和柱的交接收头处理，都使建筑各要素之间的平板、生硬之感在地面装饰作用下消失了。

6.6.3　墙面

墙体是构成空间的要素之一，在建筑中墙体主要是起到围护和间隔作用。由墙体围合空间的内侧墙是室内装修的主要对象之一。

1. 室内墙体的作用

室内墙体装饰主要有三方面的作用。

（1）保护功能。通过装修使墙体不易受到破坏，延长使用寿命。

（2）装饰功能。墙面装饰是空间造型设计的重要环节，直接影响到空间的装饰效果。

（3）使用功能。为保证人们在室内正常工作、学习、生活，作为室内空间主要分隔的墙体必须具有隔热、保温、吸声等作用，以满足人们的生理和心理的要求。

2. 室内墙面装饰材料及效果

（1）木材。木材是室内装饰用途极广的材料之一。木材是感觉温暖、优美的自然材料。一方面，它的强度较高，韧性特佳，不仅易于施工，而且便于维护；另一方面，它的纹理精致，色彩温厚，不仅利于雕琢，而且利于塑形。用木材装饰墙体使人产生自然的、亲切的、温柔的感觉。基于这些优点，木材在古今中外应用比较普遍。然而木材也有其缺点，当空气中的含水量发生变化，它会发生变形、开裂等。

（2）玻璃。玻璃是一种透明的人工材料，它透明性大，透光性强。玻璃有普通玻璃、花玻璃、夹丝玻璃、压花玻璃、彩色玻璃、热熔玻璃等。它具有良好的防酸、防腐、防火、耐燃等特点，但在冲击作用下易破碎。四周大面积的开窗，将室外景色引入室内，在视觉上产生联系，室内空间显得开朗、活跃。

（3）石材。石材一般分为两种，一种是自然石材，另外一种是人工石材。

石材是一种质地坚硬、耐久、感觉粗犷、厚实的室内装饰材料。石材具有色彩沉着丰厚，肌理粗犷、结实，造型可自由变幻，具有雄厚的刚性美感。早在古时候用石材装饰墙体就已形成了。各种石头垒砌的外墙是不加任何表面装饰的墙体。然而将整个墙面从艺术的角度去重新组合，却是现代建筑中较常采用的一种手法。例如用毛石砌筑的墙体，使整个空间具有雕塑般的体量，使之与天地的色彩浑然一体。

（4）砖。砖的种类也是多种多样的，包括各类瓷砖、文化砖以及清水砖。例如，玻璃砖，它是一种空心的半透明体，尺度外形虽有一定的变化，但其内壁具有能使光线透过时产生折射扩散的作用。它主要以砌筑局部墙面为主，其最大的特点是可以提供自然采光并能维护私密性。同时具有一定的隔热和隔声效果，由于光与影所形成的视觉效果，使其富有装饰性和趣味性。

（5）墙纸。墙纸的质地是各不相同的，但整体可分为平整的和发泡的两种，平整的墙纸产生光滑、简洁的效果；而发泡的墙纸则有肌理的变化，富有质感。墙纸的花色也是变化万千的。在选择时要注意与室内风格、色调以及厅室的设计含义相结合，才能获得理想的效果。

（6）其他。墙面的装饰材料很多，但有时不是采用单一的材料进行装饰，而是在同一墙面装饰时采用不同的材料组合，以丰富室内空间。

新的技术发展、新材料、工艺也层出不穷，近几年如硅藻泥等艺术肌理漆、PVC 卷材墙面以及窗板、纤维纸板等。

6.6.4 顶棚

顶棚是室内空间的第三个主要界面，虽然顶棚与地面和墙面不一样，不能被人接触和使用，但顶棚在室内空间的形式和限制空间竖向尺度方面都扮演着重要的角色，它是室内设计的遮盖部件。顶棚的高低变化给空间不同的感觉，高顶棚给空间以开阔、自如、崇高的感觉，同时也能产生庄重的气氛，而低空间则能建立一种亲切、温暖的感觉，顶棚的不同变化与艺术照明的结合又能给整个空间增加感染力。

1. 顶棚的艺术处理

顶棚是房间中最大的未经占用的面积，人们视线往往与它接触的时间较多，因此顶棚形状和质地的艺术处理很明显地影响着空间效果。艺术处理手法与空间艺术处理手法相同，都应考虑其韵律、对比与色彩的规律，运用建筑美学来设计。

2. 调节顶棚高低的手法

顶棚的高低可通过色彩、细部处理来调节视觉上的错觉。一般情况下，如低矮的空间，要采用高明度的色彩，使人感觉空间空阔、深远；高大的空间，则采用明度较低的色彩，以降低视觉上的高度。同时采用细部处理也可以调节空间的高低，如把顶棚装修和色彩延伸到墙面上，能降低空间高度；另外，将墙与顶的交界处做成圆心角能增高顶棚的视觉高度，同时在墙面与顶棚的交接处采用墙面与顶棚材料形式相同或开天窗和做发光顶棚使墙与顶棚互相延伸，也能使空间增高。

本 章 小 结

室内装饰设计的内容，主要是室内空间设计，涉及界面空间形状、尺寸，室内的声、光、电和热的物理环境，以及室内的空气环境等室内客观环境因素。对于从事室内装饰设计的人员来说，不仅要掌握室内环境的诸多客观因素，更要全面地了解和把握室内空间设计的具体内容。本章系统地讲解了空间设计的基本知识，包括室内空间的构成要素、空间的限定、室内空间的分类以及空间组织的基本方式与方法，对室内空间界面的设计进行详细的讲解，在理论描述的同时附有大量的室内设计图片进行了说明。

思考题与习题

1. 在进行室内装饰设计时，必须注意哪几点？
2. 简述室内空间是如何限定的？
3. 谈谈室内空间的类型与特点。
4. 室内空间组织的基本要求有哪些？
5. 室内空间各部分界面设计应该注意什么问题？

实　践　环　节

1. 参观室内设计的施工现场，了解室内设计的思路和考虑因素。
2. 学生分组根据老师提供的实际设计总体条件，提出不同的设计问题，各组讨论各自提出解决方案的方法及其理由，并比较各方案的合理及适宜性。

第7章
室内环境评价

>> 学习目标：

了解室内设计的物理环境质量的评价体系所涵盖的内容，正确认识中国传统的"风水学"，学会在现代室内设计中合理地运用"风水学"的知识，了解掌握"绿色设计"的概念，掌握室内设计中建筑节能技术的运用，了解建筑室内的无障碍设计，学会在室内设计中合理且正确地处理空气污染问题等。

> 学习重点：

1. 了解室内的物理环境质量的评价。
2. 了解掌握"绿色设计"的概念以及"绿色设计"的基本方法，正确处理室内空气污染问题。
3. 理解掌握无障碍环境设计的要求。

■ 学习建议：

学生通过教师讲授，掌握室内环境评价的基本内容，通过课外时间阅读建筑风水方面的相关书籍；阅读建筑节能、无障碍建筑设计等相关书籍；关注建筑装饰行业处理空气污染问题的新技术等，加深对本章的内容理解。

7.1 室内的物理环境质量

建筑室内物理环境包括建筑光环境、建筑声环境和建筑热工环境。这是现代室内设计极为重要的方面，也是体现设计的"以人为本"思想的重要组成部分。随着时代发展，人工环境人性化的设计和营造就成为了衡量室内环境质量的标准。

7.1.1　室内光环境评价

　　光在室内空间中，首先满足人们的视觉功能的需求。人对室内空间的感受，如色彩、质感、空间、构造及所有细节，主要是依赖视觉感受来完成的，如果离开光，也就没有这些效果了。此外，人在室内空间的大多数活动都依赖一定条件的采光及照明展开；另一方面，不同的采光和照明方式，会在很大程度上影响室内设计的效果。因此室内环境的采光和照明在很大程度上决定了室内设计的质量。

　　从实用的角度来看，自然采光影响了大部分室内空间白昼的采光效果，而人工照明则更多在室内环境中起着提供和调节室内夜晚及自然采光不足时的照明的作用。随着现代生活的要求更趋于多样化和舒适化，人工照明技术在室内环境设计中的地位日趋重要。在空间的艺术设计方面，光是一个重要的美学因素。光可以形成空间、改变空间或者破坏空间，它直接影响到人对空间大小、形状、质地和色彩的感知。利用人工照明的手段，有意识地强调室内环境的某些要素，或是强调室内环境的某种格调，能够达到以光线来渲染室内气氛的目的。我们对于室内光环境根据建筑空间的使用性质不同，主要从两方面进行评价：一是能否满足不同性质建筑空间照度要求；二是室内光环境设计的艺术效果。完美的室内照明设计，应当充分满足实用和审美两方面的要求。

　　评价一个照明设计的指标有很多，而照明设计本身又是一个十分复杂的过程，除了需要考虑经济上的合理性外，更应注重的是技术上的正确性。照明设计的评价主要由照明质量来衡量，其评价指标有：

　　（1）照度合理。一般来说，在一定范围内增加照度可以提高视觉能力。《建筑照明设计标准》（GB 50034—2013）中给出了各种场所平均照度标准，表7-1 根据我国经济发展的实际水平和供电能力，并结合对视觉研究的经验，选择标准中的中间值或高值较为适宜。当然，在照明设计中突破照度标准的高值也无不可，但过高的照度对视觉能力的改善并非像人们想象得那么大。例如，对长时间视觉工作的场所——阅读室、办公室的照度标准值定为 150~200lx，如将照度标准提高 10 倍达到 2000lx 时，人们在视觉心理上感觉照度仅增加为原来的 2 倍（而不是 10 倍），但照度提高后投资费用和运行费用均大幅度地增加。

表7-1　各类房间的工作面平均照度

房 间 名 称	照度值/lx	房 间 名 称	照度值/lx
幼儿活动室	150	营业厅	150~300
教室	150	餐厅	100~300
办公室	100~150	舞厅	50~100
阅览室	150~200	计算机房	200

　　（2）照明均匀度。照明均匀度的不良会导致视觉的疲劳。照明的均匀度包含两个方面：一是工作面上照明的均匀性；二是工作面与周围环境（墙、顶棚、地板等）的亮度差别。根据我国国标，照明均匀度常用给定工作面上的最低照度（Emin）与平均照度（Eav）之比

来衡量，所谓最低照度是参考面上某点的照度最低值，而平均照度是整个参考面上的平均值。工作区域内一般照明的均匀度不应低于0.7，工作房间内交通区域的照度不宜低于工作面照度的1/5。

（3）亮度分布的均匀性。作业环境中各被照面上的亮度分布是照度设计的补充，是决定物体可见度的重要因素之一，视野内有合适的亮度分布是舒适视觉的必要条件。相近环境的亮度应当尽可能低于被观察物的亮度，推荐被观察物的亮度为它相近环境的3倍时，视觉清晰度较好，即相近环境与被观察物本身的反射比最好控制在0.3～0.5的范围内。

（4）颜色对比。在亮度对比较差时，颜色对比能大大改善视觉工作。颜色效果的评价，除了关于光源的显色性外，还与环境及人们对色彩的爱好有关。在相同的照度下，显色性好的光源在感觉上要明亮。一般暖色调的灯光（色温小于3300K）在较低的照度下也可达到舒适感，冷色调的灯光（色温大于5300K）在低照度下使人感到阴沉昏暗，而在高照度下才使人觉得愉快。因此，对色温较高而显色性差的光源，应适当提高照度标准。

（5）阴影的处理。阴影是由于照明灯具布置不当，或只采用局部照明而引起的。为了避免产生阴影，需要注意合理地布置灯具。特别是指向性很强的灯具应避免相距很远的分散布置。对要求无阴影的场合，可采用宽配光的灯具密集布置，以获得适当的漫射照明。

（6）照度的稳定性。这里所指照度稳定性，不是指光源长时间工作后引起的光衰所导致的照度下降，而是指短时间内引起照明光通变化的因素。

7.1.2 室内声环境评价

1. 声环境的噪声控制

噪声是人类面临的重要环境污染之一。噪声有害于听力，会引起多种疾病，还影响人们正常的工作、学习和生活，降低劳动生产率，特别强烈的噪声还会损害建筑物。噪声的控制不仅是技术问题，更需要有法律、规范和管理的支持。噪声由声源发出，经过一定的传播途径到达接受者。建筑声环境工作者主要是致力于在传播途径中阻止和减少噪声从声源传向人们所关注的地区。

室内噪声控制。首先要做到的就是合理建筑布局，将建筑中噪声大的部分如泵房等应分离独立设置；利用走廊或辅助用房来提高主要房间的隔声能力；提高围护结构的隔声性能，可以减少从室外传入的噪声，要特别注意轻质墙、门和窗等这些隔声能力比较差的部分；室内的吸声减噪就是用提高室内的吸声能力的方法来降低室内的混响声级，从而使室内噪声降低。

2. 室内音质设计

对音质有要求的厅堂大体上可以分为：供语言通信用、供音乐演奏用和多功能厅堂三类。各类使用要求不同的厅堂对音质要求是不一样的，设计中应区别对待。

室内音质的评价标准是听众、演员和专家的主观感受。这些感受称为室内音质的主观评价，主要有适当的响度、混响感、空间感和平衡感等。但室内音质的主观评价很难作为室内音质设计的直接依据。因此对室内音质的评价还有客观指标，这些量通常应该是可以测量、可以计算和可以设计的，它们主要有室内的声压级、混响时间及其频率特性、反射声的时间和空间分布等。室内音质设计的关键问题之一是研究室内音质的主观评价和客观评价的相互关系。

7.1.3　室内热工环境

室内热工环境是由室内空气温度、空气湿度、气流速度和室内各表面的平均辐射温度等因素综合组成的室内气候。舒适的室内热环境就是在热湿效果方面能满足人们生活、工作和生产需要的热环境。对室内热环境的要求。室内热环境对人体的影响主要表现在人的冷热、干湿感。这些感觉主要决定于人体同周围环境热量交换之间的平衡关系。

室内空气温度对室内热环境有着重大作用，在我国常用摄氏温标来衡量，记为℃。室内空气湿度是用来衡量空气的潮湿程度，常用相对湿度来表示。一般而言，夏季室内空气温度为 26 ~ 28℃，相对湿度在 40% ~ 60%；冬天的室内气温为 18 ~ 22℃ 为宜。室内气流速度对人体对流散热和蒸发散热的强弱有很大的影响，而室内各表面的平均辐射温度则决定了人和环境辐射换热的强弱。

影响室内热环境的因素主要有室内外的热湿作用、建筑的规划、单体建筑的设计、围护结构的热工性能、构造方法和设备措施等。主要取决于人体活动量，以及人与周围环境的对流换热量、辐射换热量和人的蒸发散热量。影响室内热环境的室外热湿作用主要是指与建筑物密切相关的五大气候因素：太阳辐射、空气温度、空气湿度、风和降水。

7.2　传统的"风水学"对室内设计的影响

中国人通过体察自然界江河竞流、山川俯仰的变化，精心选择适合自身生存发展的环境，形成了专门研究居住环境与营建布局之间关系的学科，即是风水学。风水学是我们祖先数千年来对居住环境的切身感受，是通过细心观察而得出来的宝贵经验。

风水学是从古代沿袭至今的一种文化现象，简单地讲是一种择吉避凶的术数，广泛流传在民间。对风水不甚了解的人认为风水是"占卜""符咒"的一种。其实，并非如此，风水学最初是作为帝王的御用术，应用于指导城邑、宫殿、陵址等的修建活动之中。风水学自唐宋而兴盛，根据周易的原理，随指南针的前身司南流行而流行，形成了以理法为主的福建派及以形法为主的江西派两大流派，而风水理论体系也逐渐完善，在社会的文明进程中作用突显。

一切文化都具有传承性质，但是同时也受到历史性的限制，风水的研究也是如此。风水学虽然源于朴素唯物主义，但在封建时代，任何理论都脱离不了中国传统学说的桎梏和局限性。我们提出的现代风水学包含着生存的智慧、养生学、美学和广义建筑上的伦理秩序四大范畴。其实，高明的风水对于周易的运用更是可以得其意而忘其形，通过方位的挪移、植物的摆设、颜色的选择、家具的布局达到因地制宜、依形就势、扬长避短的效果，从而形成其独特的居住的智慧与艺术。

现代风水学对室内设计的影响渗透到室内设计内容的各个方面，包括空间的布局、形状、色彩，材料的选择，绿化的配置，室内的采光与照明等。例如现代办公环境的设计要求越来越高，办公空间环境的人性化将成为主流。现代办公空间的风水布局是对办公空间的物理和心理分隔，需要统筹考量多方面的问题，涉及地理、气候、习俗、人文、艺术等诸多因素。成功的办公风水布局的首要目标就是要为工作人员创造一个安全、舒适、方便、卫生、高效的工作环境，以便更大限度地提高工作效率，如图7-1所示为美国百老汇的经典葫芦口布局。这一目标在当前商业竞争环境日益激烈的情况下显得更加重要，它是办公空间设计的基础，是办公空间设计的首要目标。

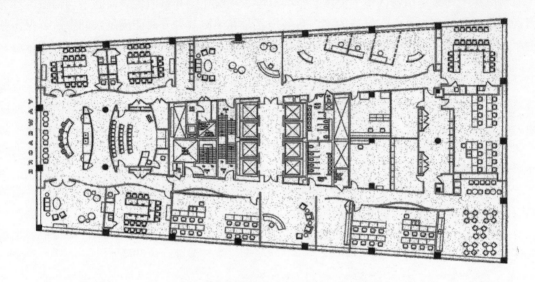

图 7-1 美国百老汇的经典葫芦口布局

注：现代办公风水学认为形状如葫芦，外小内大，既可有益吸纳外气，又可以确保财气内蓄而不失，适合已经有一定发展基础的公司，是很好的格局。从科学的角度来讲，空间设计采用欲扬先抑的手法，合理安排空间的序列组织设计，也是很经典的设计手法。

又如：传统风水学认为房屋有如人体，室内各部位功能有如人体各个器官，均有新陈代谢的作用。气在室内必须平衡地、普遍地流通，从大门通道到卧室、厨房、书房、客厅之气，要顺畅地出入。尤其大门和窗子是房屋的口和鼻子，使室内室外之气分开。大门之气经由室内门窗、通道、墙壁、屏风、屋角、家具等物品，引导至各个空间。然后，室内居住的人，才能获得健康的平衡之气的滋养。例如：玄关在佛教中被称为入道之门，佛经云："玄关大启，正眼流通"，而在住宅结构中，居室的玄关，特指居所的外门，是进出房屋的必经之地，是亚洲传统建筑的重要组成部分。玄关是住宅内核最重要的组成部分之一，它给予进入者的感觉相当于人与人之间的第一印象。据心理学分析，第一印象通常产生于前七秒，而这与进入住宅内部审视玄关、调整气息的时间基本相同。玄关是从大门进入客厅的缓冲区域，是引气入屋的必经之道，因此它的布置好坏可直接影响住宅的风水（图7-2、图7-3）。中国的传统大宅院入门之处均设有大型玄关，而现代都市的住宅普遍面积较窄，若再设置传统的大型玄关，则明显会感觉空间局促，难以腾挪。所以折中的办法是用玻璃屏风间隔，或是立面采用其他艺术造型进行装饰，这样既可防止外气从大门直冲入客厅，同时也可令狭窄的玄关不显得太拥挤。

关于现代风水在室内装饰设计中的实际运用还有很多，我们要正确地对待"风水学"这门知识，取其精华，去其糟粕，使之有效地为我们服务。

图 7-2 此户型外气从吉方进入，　　　　　图 7-3 此户型外气本来从凶方直入，
　　　　则设玄关只起缓冲作用　　　　　　　　　　设玄关后改为从吉方转折进入

7.3 "绿色设计"与室内的污染问题

20 世纪以来，工业高速发展带来经济发达和社会繁荣的同时，导致世界范围自然环境和生态平衡的破坏。从世界范围看 20 世纪 70 年代至 80 年代人类"环境意识"觉醒，"环境设计"概念崛起，由此人类提出与地球可持续发展的战略。住在城市水泥方盒子中的人们向往自然，渴望居住在大自然绿色环境中。

室内环境绿色设计往往是在成本、污染、能量消耗和建筑材料的耐用性之间寻求方案，寻求经济上与使用上的平衡点。因此，建筑室内环境的绿色设计既不能因成本高而排斥那些能效高的材料和设施，也不能由于这些材料和设施能效高而不顾成本地加以使用，而应和谐地应用诸多现有的技术和工艺。

7.3.1 "绿色"的设计风格

回归自然的"绿色"趋势，反映在室内设计活动中可称为室内"绿色设计"。通过建筑设计或改造建筑设计使室内外通透，或打开部分墙面使室内外一体化，创造出开敞的流动空间，让居住者更多地获得阳光、新鲜空气和景色（图 7-4）。在城市住宅中，甚至餐饮商业服务建筑的内部空间中也追求田园风味，通过设计营造农家田园的朴实无华、实用舒适的气氛。运用室内造园手法，营造较大型自然景观的庭院设计。在室内设计中强调自然材质肌理的应用，强调材料的肌理，原封不动地表露水泥表面、木材、金属等材质，着意显示素材肌理和本来面目等，让使用者感受自然材质，回归自然（图 7-5）。

7.3.2 节能技术

在绿色设计的范畴内，节能始终是重要的方面。建筑的耗能在国家的能源消耗中占有重要比例。随着中国住宅环境的大规模改善和各类公共建筑的不断兴建，降低建筑的能源消耗成为国家可持续发展的最大课题之一。节能型住宅强调的是节能和环保，体现了可持续发展的内涵。

图 7-4 室内设计中大面积引入自然的绿色

图 7-5 设计把自然的元素带入室内
营造一种田园的风格，回归原始和自然

如何利用自然能源？如何减少能源的消耗？如何应用新开发的自然能源和技术？这些是室内装饰设计面临的重大课题。在装修设计时要考虑到资源的综合利用和节能问题，要尽可能的选用节能型材料，如节能型门窗、节水型坐便器、节能型灯具，要尽量利用自然光进行室内采光，都会降低装修后的能源消耗量。

节约常规能源是室内设计中不容忽视的重要方向。现代建筑科技的进步也为设计提供了更多的可能性。如吸热玻璃、热反射玻璃、调光玻璃、保温墙体等新材料的研制具有许多优越的性能，能将产品形式与室内设计结合，可以达到保温和采光的双重效果而大大节省能源。此外，节能型灯具、节水型部件在室内装修中的充分运用，都能起到节约常规能源的效果。

使用洁净能源既满足使用能源的可持续性，又不会对环境产生危害，最符合生态型的室内环境要求。目前最具有广泛使用前景的是太阳能利用技术。它主要是通过特定的构造和材料来利用太阳能，应用范围相当广泛。经过精心设计、处理后的太阳能设施，可以自然融入建筑物中。目前较广泛使用的阳光温室技术、太阳能热水技术，都会使室内空间呈现出一定的特点，对室内设计也都提出了一些新的要求。

在供暖技术方面，近年来出现的一些新技术也在很大程度上达到了节能的目的。其中地板辐射式采暖是通过埋设于地板下的加热管——铝塑复合管或导电管，把地板加热到表面温度 18～32℃，均匀地向室内辐射热量来达到取暖效果。同时它可以由分户式燃气采暖炉、市政热力管网，小区锅炉房等各种不同方式提供热源。地板辐射式采暖的优点很多，一是地面温度均匀，热气自下而上逐渐递减，舒适度高；二是空气对流减弱，可以降低室内灰尘；三是与其他采暖方式相比可节约能源 10% ~20%，同时还能节约 2% ~3% 的室内使用面积；四是拥有良好的隔音效果。此外还有电热膜采暖的方式，它是以电作为能源，将特定的导电油墨印刷在两层聚酯薄膜之间制成纯电阻式发热体，配以独立的温控装置，以低温辐射电热膜为发热体。大多数是顶棚式，也有少部分铺设在墙壁中，甚至地板下。其具有恒温可调，经济舒适，绿色环保，寿命长，免维护等特点。电热膜采暖能达到户内无散热器片，房间使用面积可增加 2% ~3%，便于装修和摆放家具，一般不需要维护，清洁无污染，可用温控器调节室温。

　　节省照明装置所消耗的能量也是节能的一个重要方面。其方法主要有两方面：一方面是使用具有较高能源效益的照明装置，另一方面是减少照明装置的使用时间。

7.3.3　室内的污染问题

　　室内装修引发的室内环境污染问题越来越引起人们的重视。国家有关部门先后制定了有关室内环境的一系列标准，从建筑装饰材料、民用建筑工程和室内空气质量等方面对室内环境质量进行控制。人类对室内空气污染危害的认识源于 20 世纪 70 年代，当时在一些发达国家的某些办公室的工作人员中，出现了一些特异症状，这些症状在离开该建筑物之后得到了改善。由于这些症状大都与建筑物或写字楼的室内环境污染有关，世界卫生组织将此种现象称为不良建筑物综合症或建筑物综合症。

　　1. 室内环境的污染源

　　(1) 室内环境污染按照污染物的性质分为三大类。

　　1) 第一大类是化学的，主要来自装修、家具、玩具、煤气热水器、杀虫喷雾剂、化妆品、抽烟、厨房的油烟等；最常见的化学污染严重的有氡（建筑施工中使用的防冻剂）、甲醛（夹板、大芯板、中密度板和刨花板等各种板材）、苯（油漆、涂料、各种胶粘剂）、氨（贴墙布、墙纸、化纤地毯、防水材料等）、放射性物质（天然花岗石、大理石、瓷砖等）、TVOC（人造、泡沫隔热材料、塑料板材等建筑材料、石棉）等。

　　2) 第二大类是物理的，主要来自室外及室内的电气设备产生的噪声、光和建筑装饰材料产生的放射性污染等。

　　3) 第三大类是生物的，主要来自寄生于装饰装修材料、生活用品和空调中产生的螨虫及其他细菌等。

　　这些有害物质相互影响会加重室内污染对人体健康的危害，比如室内空气中的化学性污染会对人们的皮肤黏膜和眼结膜产生刺激和炎症，甚至会麻痹呼吸道纤毛和损害黏膜上皮组织，在这种情况下人体对疾病的抵抗力就会大大减弱，使病原微生物易于侵入并对人们健康造成危害。

　　(2) 室内空气污染按其来源又可以分为室内和室外两部分。

　　室内污染源主要包括日用消费品和化学品的作用、建筑材料和个人活动。如：

　　1) 各种燃料燃烧、烹调油烟及吸烟产生的 CO、NO_2、SO_2、悬浮颗粒物、甲醛、多环芳烃等。

　　2) 室内淋浴、加湿空气产生的卤代烃等化学污染物。

　　3) 建筑、装饰材料、家具和家用化学品释放的甲醛和挥发性有机化合物（VOC_5）等以及放射性氡及其子体。

4）家用电器和某些办公设备导致的电磁辐射等物理污染和臭氧等。

5）通过人体呼出气、汗液、大小便等排出的 CO_2、氨类化合物、硫化氢等内源性化学污染物，打喷嚏等喷出的流感病毒、结核杆菌、链球菌等生物污染物。

6）室内用具产生的生物性污染，如在床褥、地毯滋生的尘螨等。

室外污染源主要有：

1）室外空气中的各种污染物，包括工业废气和汽车尾气通过门窗、孔隙等进入室内。

2）人为带入室内的污染物，如干洗后带回家的衣服，可释放出四氯乙烯等挥发性有机化合物；将工作服带回家中，可使工作环境中的苯进入室内等。

在所有室内空气污染源中，第一大类是化学的甲醛对室内空气污染的程度最重，下面对几个主要的化学污染源进行说明：

甲醛（HCHO）是一种无色易溶的刺激性气体，造成室内空气污染的是游离的甲醛气体。室内空气中的甲醛来源主要有室内装饰的胶合板、细木工板、中密度纤维板和刨花板等人造板材。因为甲醛具有较强的黏合性，还具有加强板材的硬度及防虫、防腐的功能，所以用来合成多种黏合剂，如脲醛树脂、三聚氰甲醛、胺基甲醛树脂、酚醛树脂。含有甲醛成分并有可能向外界散发的其他各种装饰建筑材料，比如用脲醛泡沫树脂作为隔热材料的预制板、贴墙布、贴墙纸、化纤地毯、泡沫塑料、油漆和涂料等。目前生产人造板使用的胶粘剂以甲醛为主要成分的脲醛树脂，板材中残留的和未参与反应的甲醛会逐渐向周围环境释放，形成室内空气中甲醛的主体，另外装修材料及新的组合家具也是造成甲醛污染的主要来源。

苯是一种无色，具有特殊芳香气味的液体，沸点为80℃。甲苯、二甲苯属于苯的同系物，都是煤焦油分馏或石油的裂解产物。目前室内装饰中多用甲苯、二甲苯代替纯苯作各种胶、油漆、涂料和防水材料的溶剂或稀释剂。

氡是天然产生的放射性气体，无色、无味，不易察觉。室内环境中放射性的污染也越来越引起人们的警觉，这方面的污染主要是放射性元素氡的污染。室内氡污染的主要来源为：房基土壤或岩石中析出的氡，氡气通过泥土地面、墙体裂缝、建筑材料缝隙渗透进入房内；建筑装饰材料如水泥、石材、沥青等。氡的主要来源是石材，石材取之于自然，含有放射性物质是肯定的和正常的。关键的是对石材的使用，在设计时应当注意避免与人体长时期接触或在裸露的区域内大面积使用天然石材，尤其是放射性指标超标的石材，正常放射性剂量的材料并不至于引起人体的病变。

氨是一种无色而具有强烈刺激性臭味的气体，比空气轻（比重为0.5），可感觉最低浓度为 5.3×10^{-6}。室内空气中氨的来源：主要来自建筑施工中使用的混凝土外加剂，特别是在冬期施工过程中，在混凝土墙体中加入尿素和氨水为主要原料的混凝土防冻剂，这些含有大量氨类物质的外加剂在墙体中随着温湿度等环境因素的变化而还原成氨气从墙体中缓慢释放出来，造成室内空气中氨的浓度大量增加。另外，室内空气中的氨也可来自室内装饰材料中的添加剂和增白剂，但是，这种污染释放期比较快，不会在空气中长期大量积存，对人体的危害也就相应小一些。

总挥发性有机物（TVOC）是由一种或多种碳原子组成，容易在室温和正常大气压下蒸发的化合物的总称，它们是存在于室内环境中的无色气体。室内环境中的挥发性有机物可能从室外空气中进入，或从建筑材料、清洗剂、化妆品、蜡制品、地毯、家具、黏合剂以及室内的油漆中散发出来。一旦这些挥发性有机物暂时地或持久地超出正常的背景水平，就会引起室内空气质量问题。

2. 室内环境污染的防治

科学的建筑和室内装修设计，是减少室内污染的有效途径。

（1）控制污染源。包括保持室内清洁；采用污染小的能源；使用能达到环保标准的绿色的建筑和装饰材料，是从根本上杜绝大量污染物排放的方法。但是，应该清楚地认识到，环保材料不等于环保装修，也不是环保设计。这是因为国家强制标准只是对装饰材料中的有害物质给予一个限量，并不是完全杜绝，也就是说，环保的材料也有对人体有害的物质，只是量的多少而已。在有限空间中大量使用的各种装饰材料，每一种材料挥发一些有害物质，累积在室内空间，空气中的有害物质含量则必然超标。

（2）改善室内的通风设施。保持空气在整个室内的流通，可减少污染发生的可能性。良好的通风是解决大多数室内空气污染问题的简单而有效的方法。研究证明，自然通风能显著地降低室内的颗粒物和微生物浓度。

（3）植物净化。某些类型的植物除了作为观赏装饰品外，还可以净化空气、除尘、杀菌，如吊兰、芦荟、长春藤可以清除室内空气中一定量甲醛、苯；黑美人可以清除室内空气中一定量甲醛、苯、氨；绿萝、发财树、散尾葵可以清除室内空气中甲醛、氨。但并不是所有的植物都能起到净化空气的作用，某些植物的释放物对人体是有害的，因此选择室内观赏植物需要慎重。

（4）利用科学净化技术。用科学净化技术解决室内空气污染的问题是目前比较常见的一种方法，而且相关的技术都已经比较成熟，如空气污染检测仪器、室内空气污染治理产品、空气净化处理系统等产品已经非常全面。针对室内污染物的类别，可以采用某些试剂作为相应的处理，如可以采用活性炭过滤法，活性炭（包括纤维活性炭）是一种优良的吸附剂。由于含有丰富的微孔，因此其吸附量很大，常被广泛应用于低浓度的工业有机废气的吸附治理。活性炭也常用于室内空气的脱臭净化。但此方法在去除有害气体方面效果微弱。催化净化法是另一种有效的方式，由于大部分空气污染物（如醛类、苯类等）是可氧化还原的，因此去除空气中污染物采用多相催化氧化法。光催化降解能在室温下利用空气中的水蒸气和氧去除污染物，与需要在较高温度下进行、操作步骤复杂的其他多相催化氧化法相比较，具有显著的优越性。

（5）国家的强制性执行标准。现行国家的强制性标准，是室内空气质量得以保障的强有力的手段。必须强制执行的就有《民用建筑工程室内环境污染控制规范》即 GB 50325 和《室内装饰装修材料有害物质限量国家标准实施指南》等，以及国家的推荐性标准，即非强制的法律法规《室内空气质量标准》（即 GB/T 18883）等，为业主入住后的生活、工作环境所进行的检测提供了标准。

7.3.4　无障碍设计与无障碍环境

无障碍环境的创建标志着人类社会的文明与进步。无障碍设计不仅为行动困难的群体提供平等参与社会生活的物质条件，同时也兼顾全社会的需要，实行安全无阻的通行，方便自如地使用各种设施，遇事故时可及时救助或快速疏散，在提高室内环境质量方面，营造一个有利于行动困难的群体生活与活动的"无障碍室内环境"，也是衡量一个室内空间质量的标准之一。

在漫长的历史发展过程中，行动困难的群体一直处于各社会的底层，地位十分低下，环境的障碍使大部分残疾人困守家中，无法融入社会。20 世纪初，由于人道主义的呼唤，建筑学界产生了一种新的建筑设计方法——无障碍设计。20 世纪 30 年代初，当时在瑞典、丹麦等国家就建有专供残疾人使用的设施。现在，全球已有 100 多个国家和地区颁布了相关无障碍环境建设和残疾人权益保障法律法规，发达国家无障碍设施建设已非常普及，标准也较高。我国无障碍设施建设起步较晚，1985 年后国家陆续颁布了一系列无障碍设计的标准和规定，2003 年 7 月，《建筑无障碍设计》经建设部批准正式成为国家建筑标准设计；建设部等部门也多次颁发有关加强无障碍建设的通知；《中华人民共和国残疾人保障法》第四十六条规定："国家和社会逐步实行方便残疾人的城市道路和建筑物设计规范，采取无障碍措施。"

无障碍设计首先在都市建筑、交通、公共环境设施设备以及指示系统中得以体现，例如步行道上为盲人铺设的走道、触觉指示地图，为乘坐轮椅者专设的卫生间、公用电话、兼有视听双重操作向导的银行自助存取款机等，进而扩展到工作、生活、娱乐中使用的各种器具。几十年来，这一设计主张从关爱人类弱势群众的视点出发，以更高层次的理想目标推动着设计的发展与进步，使人类创造的产品更趋于合理、亲切、人性化。如图 7-6、图 7-7 所示为无障碍卫生间设计。

图 7-6　无障碍卫生间一　　　　　　　　图 7-7　无障碍卫生间二
（图片来源：搜狐体育，陶冶摄）　　　　（图片来源：官方网站，范帆摄）

无障碍设计关注、重视残疾人、老年人的特殊需求，但它并非只是专为残疾人、老年人群体的设计。它着力于开发人类"共用"的产品——能够应答、满足所有使用者需求的无障碍环境。

根据国家建筑标准设计图集《建筑无障碍设计》03J926 表明，与室内设计相关的国际通用无障碍设计标准大致有五个方面：建筑的无障碍入口、水平与垂直的通道（具体内容包含门厅、过厅设计；公共走道宽度、无障碍门的设计；楼梯扶手、电梯厅深度）、公共厕所浴室、安全抓杆、建筑服务设施（包括无障碍客房、席位、车位、无障碍信息设施、标志等）。

无障碍环境，是残疾人走出家门、参与社会生活的基本条件，也是方便老年人、妇女儿童和其他社会成员的重要措施。同时它也直接影响着城市形象与国家形象。加强无障碍环境建设，是物质文明和精神文明的集中体现，是社会进步的重要标志，对提高人的素质，培养全民公共道德意识，推动精神文明建设等也具有重要的社会意义。

本 章 小 结

本章系统地介绍了室内装饰设计中室内的物理环境质量的评价，包括室内的声环境、光环境、热环境的设计与评价；中国传统的"风水学"对现代室内设计的具体影响；"绿色设计"的概念、室内设计与建筑节能技术的运用，建筑室内的无障碍环境设计以及室内的污染问题等。

思考题与习题

1. 建筑室内空间物理环境评价包括哪几个方面的问题？

2. 室内设计的节能设计可以从哪些方面考虑，试举例说明如何利用新技术来降低建筑能耗？

3. 风水学对室内设计有何影响，室内设计师应该如何处理传统风水学与现代室内设计的关系？

4. 室内环境的主要污染源包括几个方面，室内设计在处理装饰工程可能导致的空气污染问题时应注意哪些方面的问题？

实 践 环 节

组织学生对室内空气污染问题进行调研，了解环保装饰的概念以及关于室内空气污染治理等问题，写出调研报告。调研报告任务书详见第十章课程任务书（四）。

第8章
建筑外装饰设计

》》学习目标：

系统了解建筑外部装饰设计的概念、构成要素、特点以及相关的因素，理解建筑外部空间的特点与组织，重点掌握建筑外装饰的设计方法与技巧，能够完成简单的建筑外部环境设计。

➜ 学习重点：

1. 了解建筑外装饰设计的空间设计内容。
2. 了解掌握建筑外装饰设计的基本方法。
3. 理解掌握建筑外装饰设计的技巧，为下一步开展设计工作打好基础。

📖 学习建议：

学生了解建筑外装饰设计的基本内容，从而理解掌握建筑外部装饰设计的特点、设计方法；通过解析一些优秀的建筑外部装饰设计的作品，加深对本章的内容理解，掌握建筑外部装饰设计的方法。

建筑外装饰设计通常包括建筑的外部各个界面的装饰设计，如商业店铺招牌、建筑外立面改造、地面铺装等，也可以包括一些建筑外部空间的环境景观设计，如外部环境水体景观设计，外部环境景观及小品设计等。外部空间是从自然中由边界所划定的空间，它与无限伸展的自然空间是不同的外部空间，是人有目的创造的外部环境。

建筑外部空间的构成从理论上讲和建筑内部空间的构成有许多相似之处，唯一不同的在于建筑内部空间有类似屋顶的限定因素，而室外空间只有两个限定空间的因素。除此，外部空间的尺寸比例、材料质感、空间布置、空间层次等都是构成外部空间环境的重要因素。

8.1　外部空间概述

8.1.1　外部空间的概念

外部空间是指建筑的外空间,但并不是建筑外的所有的自然空间都可以被认为是外部空间。外部空间与建筑是阴阳、虚实、互余、互补、互逆的关系,建筑实体是外部空间形态的重要构成元素。

8.1.2　外部空间的构成要素

1. 界面

外部空间的界面包括地面和侧界面两种,而没有顶面。地面包括地面材料的铺设。侧界面的主要要素是建筑外立面,从大的范围来讲,如城市空间基本是以建筑来组成和划分外部空间的,广场由周边的建筑围合而成;就小范围而言,庭院也是由矮墙或栏杆进行限定的。

2. 设施

除了建筑作为空间界面以外,外部空间还有其他的一些要素共同参与空间的组成,如室外的家具设施、建筑小品、水体、绿化、照明灯具等。如果空间只有建筑实体单独地构成空间,那必然会显得单调、乏味,由于室外家具设施、绿化、小品等的共同介入,才使得空间富于变化而增加美感,这种变化可以从形体、色彩、质感等多方面表现(图 8-1、图8-2)。

a)　　　　　　　　b)

图 8-1　欧洲的街道家具

图 8-2　北京国际雕塑公园休息廊

8.2　外部空间的空间设计内容

外部空间对于空间平面的考虑和设计显得尤为突出和重要。它包含有空间布局、空间围合和序列组织等。

8.2.1　空间的形状与感受

空间的大小和形状首先受功能的制约,其次也受到人的心理和环境等其他因素的影响。所以,确定空间的大小和形状时,考虑的第一方面就是该空间的目的和用途。不同性质的外部空间其功能要求等也是不一样的。例如：独立住宅的庭院一般不宜太大，空间过大显得空旷、冷漠，缺少亲切感和人情味；而市政广场是公众活动的场所，人员集中，需要足够的面积来保证使用。但是即使是公共的广场，也同样要注意面积大小的心理因素，一般空间边长为20m的情况下，人们可以相互之间看清楚，容易有舒适和亲密感，边长达几十米甚至上百米就成了大型广场，产生广阔和威严感，设计手法上就要有更多的考虑。街道空间和商业街的空间设计也需要注意空间的大小和形状。根据对人心理的调查和研究，人的愉快步行距离为300m，因此，步行街和商业街设计应以此为限，路线过长就容易产生疲劳感。

按外部空间平面形状分，大致可以分为线型和面型两种。不同的形状其特征不同，给人的时空感知也不同。"线型空间"如街道、河道等狭长的外部空间，相对于面型空间具有"动"的特质，可称之为运动空间，如一些交通性的空间，在其中活动时在心理上往往带有一种"动"的感受（图8-3）；面型空间，如广场、绿地等则有"静"的特质，可称之为停滞空间，其往往是空间的一个节点，人在其中的活动速度较缓慢，如进行休憩、观景等活动，人的心理感受则倾向于静。空间形状设计过长而又一览无余的话也会缺乏情趣，而如果将街道设计成每隔一定距离就有一个转弯或者曲线等，使人的视线只能在几十米的范围内，人移景异，创造更有变化、耐人寻味的空间形式，这样街上的行人便能始终有趣味感和新鲜感。

图8-3　道路设计的动感曲线

8.2.2　空间的尺度

1. 空间的知觉尺度

人和物之间的距离的大小直接影响人的知觉作用和结果。中国古代风水强调"百尺为形，千尺为势""积形成势""聚巧形而展势"，皆提出了中国古代的环境尺度观念，这是人们在对自然感知的过程中，经过深刻的抽象思维而形成的外部空间设计理论。日本学者芦原义信先生提了"十分之一"理论，即外部空间可采取内部空间尺寸的8~10倍的尺度；以及外部空间可采用距离 20 ~ 25m 的模数。一般认为：20 ~ 30m 以内可以清楚识别人物；100m 以内，作为建筑而留下印象；600m 以内，可以看清楚建筑及建筑轮廓；1200m 以内，可作为建筑群来看；1200m 以上，可作为城市景观来看。

2. 人体尺度的应用

设计的一个重要依据就是人体尺度，由小到大，建筑外装饰设计中我们可将尺度分为近人、宜人、超人三种尺度。近人尺度，人易感知并把握全局，如矮小的家具等；宜人尺度，使人感到亲切；超人尺度，易使人压抑、震撼，体现了人改造自然的力量，如体量巨大的纪念物、教堂等。注重尺度设计，寻找一个给人正确尺度的参照物，才能与人固有的知觉恒常性相吻合，使人正确感知环境。

8.2.3　外部空间的组织

建筑外部空间设计中，可将空间看作是一系列变化着的构图，这构图具有连贯性和连续性，常用对比和出人意料的手法以维持和刺激人的兴趣。对空间的浏览必须是一个空间至另一个空间的运动过程，这个运动过程包含了两个内容：一是随着运动的空间变化，二是随着运动的时间变化。组织空间序列就是把空间的因素与时间的因素有机地结合起来。一般来讲，空间序列的变化可以通过空间曲折、节点处收与放、空间开放与围合变化等来达到。空间的序列设计是要综合地运用对比、重复、过渡、衔接、引导、暗示等手段，把个别的、独立的空间组织成为一个有秩序的、有变化的、统一而完整的空间整体。这样，不仅可以使人在静止的空间环境中获得良好的印象，更让人在运动的过程中去体验空间。在经过不断变化的欣赏过程后，最后能够使人感到空间统一有序，既协调一致又充满变化，既有起伏又有节奏和韵律。例如中国古典园林的空间艺术，从某些点上看，具有良好的静观效果——景，而从行进的过程中看，又能把个别的景连贯成完整的序列，进而获得良好的动观效果。

1. 空间的顺序

在外部空间的设计中，需安排空间的出场顺序，一般情况下根据功能来确定空间的领域，将它们按照一定的规律排列组织起来。空间的顺序安排大致应遵循以下几种路线：

1）室内—半室内—半室外—室外。

2）封闭—半封闭—半开敞—开敞。

3）安静—较安静—较嘈杂—嘈杂。

4）静态—较静态—较动态—动态。

2. 空间的引导与暗示

在现实空间中，人只能是由一个空间到另一个空间，而不可能在一开始就对于整个建筑空间的分布一目了然。引导与暗示是利用人的心理特点和习惯，合理而巧妙地设计安排路线，使人自然地、不经意地循着预先安排的路线到达目的地。引导与暗示是一种艺术化的处理方法，它通过人们感兴趣的某种形状、色彩等来引导人的行为，从而既能满足设计的功能要求，又能使人得到某种设计美的体验。引导与暗示的设计手段也是多种多样的，具体条件不同，手法也就不一样。常用的有以下几种：

（1）借助道路，暗示空间的存在。例如道路或楼梯往往暗示着另外的空间的存在，因为人们总是想知道那个还没看见的空间会是什么。借助这种心理，用楼梯或路面就可以作为引导和暗示的物体。

（2）利用空间界面的处理产生引导性。点、线、面的组织形式可以形成某种运动或方向感，尤其是线，具有较强的方向性。如利用曲线型的墙面引导人流：由于曲线具有强烈的动感这一特点，在空间的引导和暗示中，设计者也常常利用曲面的墙把人引向某一个目标，并且是以巧妙的、充满悬念的、不经意的方式，让人心甘情愿地按照设计的路线走，以克服单一墙面容易使人产生一目了然或路到尽头之感的不足。

（3）利用空间的分隔，暗示另外空间的存在。在对一些空间进行分隔处理时，为追求空间的整体性，分隔常常是象征性的，虚实相间的。这种空间一般比较连贯，有连续、运动的特点，能够使人一个空间接着一个空间，带着一种期待、探究的心理去欣赏。因此，这种空间往往要做到在一个空间里随时有某种信号，暗示下一个空间的存在，展示性空间设计里常可见到此类手法。

3. 空间的层次

外部空间的构成一般情况下都是由多个部分的空间组成，空间与空间的关系往往是复杂的、多因素的。有些空间之间有着密切的联系，不能把它们截然分开；有些空间则相对独立和封闭；而更多的空间则是既有联系，又有功能的区分。因此，空间之间是分隔、通透，断还是连，一切都需要具体情况具体分析，不能一概而论。相邻空间的相互连通，即成空间之间的渗透，从而相互因借，形成空间的层次感。例如中国古典园林中的"借景"就是一种典型的"空间渗透"，这是一种很好的空间层次的设计手法。利用空间的"透"就可以把别处的景色"借"来我用（图8-4），外部空间构成上，可以把视线收束在画框之中，使远景集中紧凑，以此建立起你我空间之间的关系，给空间带来期待和变化，这就大大增强了空间的层次和变化。

图8-4　室外空间借景的设计实例

8.2.4　外部空间的手法与技巧

设计外部空间有两种典型的设计方法，一是采用"先声夺人"的设计方法，追求在一开始就给人们以强烈的印象和标志，形成视觉中心；其二是采用"欲扬先抑"的设计手法，有节制地不给人看到全貌，以便使人有种期待，一点一点掌握空间布置，这也是一种方法。当然把两者结合起来，一方面带来强烈的印象，一方面又能创造充实、丰富的空间则是不错的手法，这也往往是很多的设计师经常采用的一种设计手法。

外部空间设计的过程中首先要充分运用形式美的构成法则，它可以把造型元素和空间的视觉效果有效地结合起来。同时也有一些值得注意的设计技巧，具体可以从以下四个方面介绍。

1. 有效地利用地面的高差

根据地面高差的变化尺度的不同可以创造高平面、低平面以及中间平面。安排高差就是明确地划定领域的境界，由于高差就可以自由地切断或结合几个空间。在地面高差小于450mm 的情况下，可以丰富空间的层次；大于450mm 时可以保持空间上的连续，同时又有一定的空间的封闭效果，分区更加明显。这种手法，它可以把实用功能和空间的视觉效果有效地结合起来。譬如，运动区域或者交通路线与休憩区域的划分，就可以采用高度差，几个台阶或者石坎，便既可以防止汽车等的入内，同时也形成了不同的空间领域感。当然，也可以利用地面的下凹，形成高度差，下沉地面的空间感较强，如果下沉有一定的高度，更能有向心和封闭的空间感受（图 8-5、图 8-6）。

图 8-5　弧形的设计部分是人们小憩的理想场所

图 8-6　英国伦敦巴比坎文化中心
室外餐厅与高低变化的临河大平台相连

2. 水是外部空间设计中的重要元素

室外空间设计的水体可分为动、静两种。静止的水面物体产生倒影，可以使空间显得格外深远，特别是夜间照明的倒影，在效果上使空间倍加开阔。动水中有流水及喷水，流水低浅地使用，可在视觉上保持空间的联系，同时又能划定空间与空间的界限。流水由于在某些地方做成堤堰，可以进一步夸张水的动势（图 8-7、图 8-8）。水的有趣的用法，就是在那种不希望人进入的地方，以水面来处理隔断。

3. 材料质感的设计

在同一平面的地面上，也可以利用色彩和材料质感的不同来形成空间的领域感，它是虚拟空间设计的手段之一。不同的材料质感可以给人以不同的视觉感受，不同材料的区域分布也就形成了不同的空间区域，又不破坏空间的连续性，这样的区域划分手段在外部空间中是极为常见的。利用材料质感进行区域划分有积极的作用，从使用功能上说，地面材质的区别，可以清楚地表示出车道、人行道、娱乐游玩区、休憩观赏区等不同的功能区域（图8-9、图8-10）。

图 8-7　建筑外部空间水景设计一

图 8-8　建筑外部空间水景设计二

图 8-9　步行道用不同材质进行彩色路面
铺装进行了良好的空间划分一

图 8-10　步行道用不同材质进行彩色路面
铺装进行了良好的空间划分二

4. 灯光照明的设计

灯光照明的设计是指建筑外部装饰设计中的人工照明设计部分，它是一个重要的设计手段之一。通过灯光形成各种明暗、色彩的变化，制造不同的空间区域；或者创造不同空间环境气氛。现代的城市环境愈来愈多地使用灯光手段，尤其是广场、步行街、商业街道、花园等各种空间环境都是用大量的灯光来渲染空间的环境气氛（图8-11、图8-12）。

图 8-11　长沙解放西路上的夜景灯光变化

图 8-12　某酒店店面夜景

8.3　建筑外部装饰设计的色彩因素

色彩在诸多的造型元素中，是至关重要的因素，色彩设计的好坏直接影响到整个设计的质量。对于色彩的研究，从它的基本原理、作用、效果，到如何科学合理地利用它，每一个部分都关系到设计的最终效果。色彩的设计如同其他的设计一样，要首先服从功能的需要，在这个前提下还必须做到形式美，发挥材料的特性，满足人们的心理需要。不同的民族有不同的用色习惯，有着禁忌和崇尚的用色。色彩的喜爱和厌恶也反映了各个民族的文化。色彩设计还应该符合民族特点、文化意蕴和气候等环境的特点（图 8-13、图 8-14）。

图 8-13　北京国际雕塑公园休息廊

图 8-14　长沙藩后街文化墙

外部环境与自然的联系紧密，环境色彩也在很大程度上受着自然环境的影响，这是与内部环境不同的方面。同时，外部环境的功能、尺度、视觉感受等都与内部环境有一定的区别，所以要研究和分析外部环境的色彩特点，从而找出适合外部环境色彩设计的规律和方法来。

8.3.1 周边环境对于建筑外部环境色彩的影响

外部环境色彩的设计，要分析和结合周边的环境因素，进行整体的思考。既要考虑周围的建筑物的色彩因素，与周围环境色彩有所联系，考虑它们的整体性，又要考虑自身设计的个性，具有独特的效果与魅力。在进行外部环境色彩的设计时，主要应考虑以下几个方面：

（1）从色彩环境的整体角度来考虑，后来的设计作品应尽量尊重先已存在的建筑。应采取尽可能协调的色彩处理，不要为突出自己，有意与邻近建筑"针锋相对"，导致整体的破坏。

（2）增加建筑间的距离，扩大绿化的面积。在可能的情况下，尽量让建筑物之间的距离不要过小，增大距离。同时加大绿化面积，因为绿化植物的色彩可以起到调和的作用。

（3）在建筑的外装饰色彩设计中，一般宜少些夸张和炫耀。因为，如果每个建筑都只顾提出自己的个性，不考虑周围的建筑关系，色彩过于鲜艳，就会使整体不协调和不统一。反之，如果在色彩设计上，都能采用相对比较中性的色彩，给别的建筑和整体都会留下比较大的余地（图8-15、图8-16）。

图8-15　与街区色彩和谐的店铺色彩一

图8-16　与街区色彩和谐的店铺色彩二

（4）对比色彩的统一。在一些娱乐性或商业性建筑的外部装饰设计中，采用对比的色彩可以起到热闹、繁华的气氛渲染作用。

对比可以在色相、明度、彩度等几方面使用，但对比一定要注意统一。常用的手法是：对色相、明度、彩度中某一种采用统一手法，如明度的一致，而在色相和彩度上有对比，这样来进行统一和协调，反之亦然。对比色彩的统一实质上是要在对比的色彩关系中找到某种共同的因素，或用某种共同的因素来将它们联系起来。在建筑物以外的公共空间里，还有各种构筑物和设施。对它们采用统一的设计，用色彩来把色彩变化较多的建筑物串联起来，如统一围墙的色彩等。设施和构筑物虽然面积不大，但是统一了色彩后也可以在相互间建立一定的联系，也可以用周围建筑物的色彩来作为建筑的某些局部装饰色彩，起到一定的联系作用。

8.3.2　建筑装饰材料对于建筑外部环境色彩的影响

不同的建筑材料有不同的质感。材料的质地、纹理和色彩不同会给人以不同的粗糙、细腻、轻重等感受。如金属、玻璃硬质材料，表面光滑，感觉偏冷；木材、织物属软质材料，质地疏松，感觉偏暖。人们也常常用材料的这些质感、纹理、色彩等的特性，结合对比、协调等手法来处理外部环境的关系。色彩是其中重要的手段之一：不同的材料又有各自色彩上的特点，材料的色彩选择是不能随心所欲的。建筑材料的色彩与材料本身的结构和生产工艺等有关，尤其是天然材料如石材，我们只能去选择它，而不能去改变它的色彩，所以，建筑材料的色彩对于外部环境的色彩是有一定的制约和限制的。

8.3.3　建筑外部环境色彩的设计

设计师在可能的情况下，结合材料的功能因素，考虑材料的色彩关系进行建筑外部环境的设计和处理。其方法如下：

1. 整体同色

大量的建筑采用相同的色彩组合，只是在建筑的细部等装饰上用其他色彩进行点缀。如一些仿古的商业街采用粉墙、青瓦和青石地面，整个色彩统一，而店面招牌等可以用醒目的色彩点缀，色彩就能既统一又有变化。如图 8-17 所示，建筑的主题色彩与街区的统一与变化。

图 8-17　建筑的主题色彩与街区的统一与变化

2. 用节奏和条理的方法处理色彩

采用有规律的方法来安排色相、明度和彩度的变化。如相同色相,不同彩度,不同明度的层级性递增递减,形成大范围的色彩韵律推移。当然,也可以是不同色相的逐渐变化,如由黄至红逐渐推移变化到到蓝绿的色彩,形成有规律和节奏的色彩变化。

3. 类似色彩的组合

类似色彩是指色相邻近、彩度降低而明度一致的色,这样色彩也可以统一。这种组合要比相同色组合有变化,同时也可以在细部上采用统一的色彩,使整体关系更好些。

4. 整体与局部的关系

在空间里某些使用性质或空间角色比较特殊的建筑,可以通过与整体色彩有一定差异或对比关系的色彩来强调这些建筑。如居住区中的幼儿园、商店等,这样既可以突出这些建筑的标识性,同时,由于它们的面积相对整体来说只有很小的比例,所以不会影响整体的统一。

本 章 小 结

本章从介绍建筑外部装饰设计的概念开始,系统地讲解了建筑外部装饰设计的空间设计内容,以及空间界面的设计方法;重点介绍了建筑外部装饰设计的方法与技巧,并介绍了建筑外部装饰的色彩设计。

思考题与习题

1. 着手进行建筑外部装饰设计时应重点注意哪几个方面的内容?
2. 建筑外部的色彩由哪些部分组成?
3. 结合实例分析建筑外部装饰空间设计的具体手法?

实 践 环 节

1. 组织学生参观建筑外部装饰项目,教师结合本章节理论进行讲解,加强学生的感性认识。

2. 教师提供一个小型建筑小品的设计任务,学生结合本章学习的内容,运用所学的设计知识在教师的辅导下独立完成作业。

第9章
建筑装饰设计与表达

▶▶ 学习目标：

了解建筑装饰设计表达的相关内容，重点掌握建筑装饰设计的方案图的表达、展示成果的种类与建筑装饰施工图的绘制要求、特点与表达深度，养成勤练手的好习惯。

➡ 学习重点：

1. 了解建筑装饰设计表达的内容。
2. 掌握建筑装饰设计的表达方法。
3. 掌握建筑装饰设计的表达技巧，为后一步开展设计工作打好基础。

📖 学习建议：

学生了解了建筑装饰设计表达的基本内容，通过学习一些优秀的建筑装饰设计表达的作品，加深对本章内容的理解，掌握建筑装饰设计表达的方法。

9.1 建筑装饰设计图的表现种类及其表现特点

建筑装饰设计方案的表现种类有很多，比较基本的、传统的表现方法有：铅笔画技法、钢笔画技法、水彩技法、水粉技法、马克笔技法；计算机表现技法有：3D Max、效果图表现、动画全景表现以及建筑 B2M 技术。手绘效果图是一种传统的表现技法，通常要求表现者掌握一定的表现技巧，对表现者本身的艺术修养、绘画基础要求比较高。铅笔表现图画起来方便，比较快，因而主要用作草图和研究设计方案。钢笔表现图对于印刷、复制比较简便，效果也较好，故常被用作收集资料。铅笔和钢笔表现图由于不能反映色彩，一般不用于做最后的设计表现图。水彩和水粉的表现，是早期一般的装饰设计的表现采用的表达技巧。水彩表现比较含蓄、柔和，在色阶上不如水粉表现宽广，因而水彩表现图在色彩和对比度上不如水粉表现图鲜明、强烈。但由于作画工具相对麻烦近几年也很少采用。彩色铅笔、钢笔淡彩、马克笔及目前流行的计算机表现图等表现方法是时下应用比较广泛的表现技法。

9.1.1　铅笔画技法

铅笔画技法是透视效果图技法中历史最久的一种，这种技法所用的工具容易得到，技法本身也容易掌握，绘制速度快，空间关系也能表现得比较充分。绘图铅笔所绘制的黑白铅笔画，类似美术作品中的素描，主要通过光影效果的表现来描述室内空间，尽管没有色彩，仍为不少人偏爱。彩色铅笔画色彩层次细腻，易于表现丰富的空间轮廓，色块一般用排列有序的密集线条画出，利用色块的重叠，产生更多的色彩。也可以用笔的侧锋在纸面上涂，产生有规律排列的色点组成的色块，不仅速度快，操作简便，且有一种特殊的效果，是设计方案表现得较好的一种方式（图9-1）。

图9-1　彩色铅笔表现的建筑装饰设计效果图

9.1.2　钢笔画技法

钢笔画分为两种，一是徒手绘制，二是通过丁字尺、三角板等工具绘制。徒手钢笔画一般用于收集资料、设计草图，也可作为初步设计的表现图。它的线条流畅美观，并通过对物体的取舍和概括来表达设计师的意图（图9-2）。工具钢笔画线条坚挺，易出效果，尽管没有颜色，但画的风格较严谨，细部刻画和面的转折都能做到精细准确。并用点线的叠加来表现室内空间的层次和质感。

图 9-2　钢笔表现大华饭店舞厅

9.1.3　水彩、水粉技法

　　水彩色淡雅层次分明，结构表现清晰，适合表现结构变化丰富的空间环境；水彩的色彩明度变化范围小，图画效果不够醒目，作图较费时。水彩的渲染技法有平涂、叠加、退晕等（图 9-3），透明水色明快鲜艳，比水彩更为透明清丽，更适于快速表现。由于色彩叠加次数不宜过多，色彩过浓时不宜修改等特点，多与其他技法混合，如钢笔淡彩等。

图 9-3　水彩表现效果图

9.1.4　马克笔技法

　　马克笔分油性、水性两种，具有快干，不需用水调和，着色简便，绘制速度快的特点，画面风格豪放，类似于草图和速写的画法，是一种商业化的快速表现技法。马克笔色彩透明，主要通过各种线条的色彩叠加取得更加丰富的色彩变化。马克笔绘出的色彩不易修改，着色过程中需注意着色的顺序，一般是先浅后深。马克笔的笔头是毡制的，具有独特的笔触效果，绘制时可尽量利用这种笔触的特点。另外马克笔在吸水与不吸水的纸上会产生不同的效果，不吸水的光面纸上色彩互相渗透，吸水的毛面纸上色彩灰暗沉着，可根据不同需要选用（图9-4）。

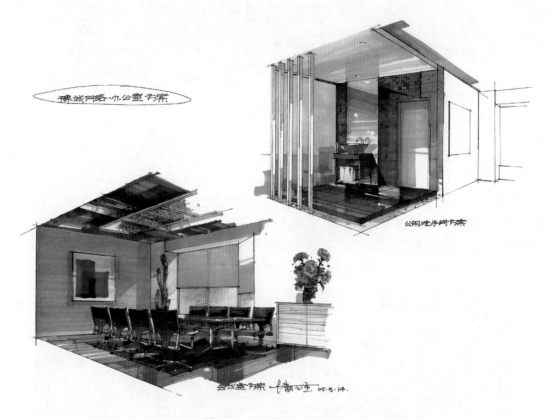

图9-4　马克笔表现效果图

9.1.5　混合技法

　　混合技法综合了各种表现技法的优点，表现者可以根据表现的需要，灵活选择表现手法。它是设计师常用的一种表现手法（图9-5）。常见的混合方式有钢笔表现结合水彩表现或者彩色铅笔表现，钢笔线条结合马克笔等。

9.1.6　计算机表现技巧

　　20世纪80年代以后，随着个人计算机的广泛运用。计算机辅助设计系统能运用诸如AutoCAD、3D max等设计软件，模拟出极为真实的建筑和室内空间，从而在观念上改变了以往

图 9-5　混合技法效果图表现

建筑表现画的概念（图 9-6）。但从另一个角度来看，运用娴熟的绘画技艺绘制室内透视图，在许多方面不仅具有计算机绘画所难以替代的艺术效果，而且能够更好地表达出设计师在设计中蕴含的激情和意境。但计算机表现和手绘表现结合的方式是一种相对比较折中的表现手法，这种表现对于表现者来说不仅要求掌握好计算机的相关软件如 PHOTOSHOP、PAINTE 等，还要求掌握一定手绘表达技巧，综合运用绘画的技艺来绘制室内透视效果图。近年来，装饰设计表现采用室内动画、全景 360、VR 虚拟现实等，表现更全面、更真实，深受设计师喜爱。

图 9-6　3D max 等软件绘制的效果图

9.2　设计字体写法与简介

文字和数字是图样的重要组成部分，要求美观、工整、清晰、易于辨认。传统的手绘图样对设计师的字体基本功要求是相当高的，在计算机辅助设计的今天，大部分的制图字体基本上都由计算机代替了，但是作为设计学习的基本功，字体写法的练习对于我们的设计初学者来说还是很重要的。

9.2.1　汉字——标题美术字和仿宋字

标题美术字体一般采用黑体字，黑体字又称黑方头，为正方形粗体字，有些除标题美术字之外需要加重部分的字体也采用黑体字。随着计算机辅助设计的深入，标题的字体选择也更加多种多样起来，设计者可以根据设计风格、版式的需要选择合适的字体表达（图9-7）。

室内设计基础　黑体字

室内设计基础　变体美术字

图9-7　标题美术字体

仿宋字是由宋体字演变而来的长方形字体，它笔画均匀明快，书写方便，是工程图常用的字体（图9-8）。仿宋字的高宽比为3:2；字体的间距约为字高的1/4，行距约为字高的1/3。为使字体排列整齐，书写大小一致，事先应该在纸上用铅笔打好格子，按照上述的格式留好字体的数量和大小位置，再进行书写。

一个字体，特别是汉字，如同一方图案，各种笔画要正确布置，形成一个完美的字体结构，其关键是各个笔画的相互位置。必须做到：各部分大小长短间隔合乎比例；上下左右匀称；各部分的笔画疏密要合适。

在手绘的方案设计图样中，有时候设计师为了书写更加简便、快捷，往往采用一些变体的工程字来表达。同时设计方案图样显得更加生动，增强图样的艺术感染力。如图9-9所示为的设计手写字体。

下正背平立剖面总图灰沙泥瓦石
构造施工放样电力照明分配排水
采暖通风消防声比例公尺分厘毫
材料表格单元管道断裂吊装标号
位置梁板柱框基础屋架坡度墙身
油漆毡垫层护脊天沟雨落漏斗挑
杆扶手踏楼梯玻璃厚刷压光色彩

图9-8　建筑制图常用仿宋字

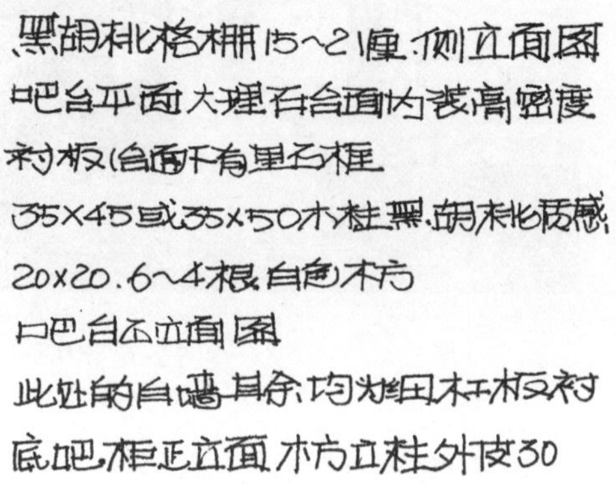

图9-9　设计手写字体

9.2.2　拉丁字母

拉丁字母的书写，要注意笔画的顺序和字体的结构。这种字体的曲线较多，注意运笔要光滑圆润（图 9-10）。

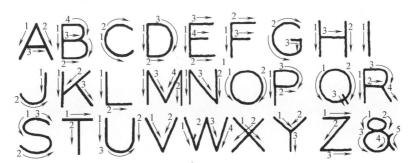

▲ 美国全国标准字母写法

➤ 常用的印刷体字母示例

USE GUIDELINES FOR GREATER
ACCURACY IN LETTERING

图 9-10　拉丁字母

9.2.3　阿拉伯数字

在图面上常采用的阿拉伯数字，字体可直写也可 75°斜写。数字 1 比其他 9 个数字的笔划少字形窄，它所占的字格宽度小于其他字形（图 9-11）。

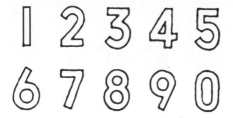

图 9-11　阿拉伯数字

在一幅图样上，无论是书写汉字、数字或外文字母，其变化的类型不宜过多。有的学生在图面上，甚至在一块说明和同一标题上，也变化字体，往往使图面零乱而不统一。至于自己"发明"的简化字和奇形怪状的字，都要予以禁止。

字体练习，要持之以恒。要领并不复杂，但要掌握和熟练它，却需要严格、认真、反复和刻苦，要善于利用一切机会来练习，做到熟能生巧。

9.3 钢笔徒手表现

钢笔徒手画是设计专业学生必须尽早掌握的表现技巧。它有如下三个特点：其一用途广泛，收集资料、设计草图、记录参观等都离不开运用徒手表现。其二工具简便，使用方便的形形色色的笔都可用来画徒手画，其中经过处理即笔尖弯过的钢笔，以及塑料自来水毛笔，还可以做出一定粗细变化的线条。而且进行钢笔徒手表现只需准备一本速写本、一支钢笔，工具简单便于携带，可以随时记录自己对物体的感受。其三便于保存，钢笔速写除其本身已是一画种外，对于从事设计工作的人员而言，身临其境去体验、观察、概括、归纳景观的过程就是一个学习的过程。初学者经常练习徒手画，还十分有助于提高对建筑空间及周围环境的观察、分析和表达的能力（图9-12）。

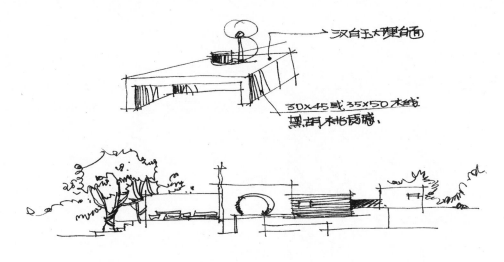

图9-12   钢笔小品表现

9.3.1   钢笔徒手画的特点

因钢笔不可擦拭修改的特性而使钢笔速写具有"落笔生花"的特征和强烈的黑白对比画面效果。使用钢笔速写有助于初学者养成"意在笔先"，对整个画面有一个统筹思考的好习惯，从而培养其从整体出发的观念。另一方面，强烈的黑白对比和线条的力度美正是钢笔速写的又一大特征。这就要求绘画时能够从复杂的景物中提炼出最能够表达结构的线条，以简洁明快的手法表现出物体的比例、结构、造型特征，而不被光线、明暗变化、色彩等外部因素所干扰。钢笔徒手画可以培养初学者面对复杂的景物去繁就简、突出主体特征的能力，克服那种不分主次、面面俱到的毛病，获得简洁明快的具有感染力的生动画面（图9-13）。

9.3.2   徒手表现的线条特点

学习钢笔表现的第一步，要作大量各种线条的徒手练习，这样就能熟能生巧。初学者应

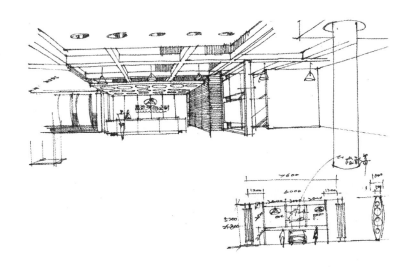

图 9-13　钢笔手绘表现设计草案

该经常利用一些零碎的时间来练习线条，这也就是所谓的练手。

1. 线的魅力

线是钢笔速写最基本的元素，无论什么粗细、长短的线条其运行速度的快慢与起承转折的变化，都会产生不同的韵律和节奏，并赋予线条本身以审美意义和生命力。

2. 线的排列

人们尽管可以从单线的变化中体验到一定的审美意义，但是难以构成有效的面积或体积，只有通过对线的排列组合才可以表现出景物的空间关系、明暗关系和质感。

3. 单线速写

单线是中国画白描的"灵魂"。钢笔单线速写具有简洁、明快、优美的特点，可以从中国画白描、书法中汲取营养。但钢笔单线速写重在训练初学者的观察与用线的能力，只有通过大量的不间断练习，钢笔画出的线条才能"下笔如有神"，做到造型准确，高度概括，有表现力和美感。

钢笔单线速写在表现景物的整体性、概括性方面有独到之处，尤其是对空间结构，装饰构造细部的表达等方面更为难得。如图 9-14 所示的各种钢笔的排线表现。

4. 线面结合

钢笔画出的线是有生命且千变万化的，不仅能够刻画出物体的轮廓、结构，也可以在一定程度上表现物体的明暗、体积和质感（图 9-15）。

在线的排列中我们可以看到，线能够形成面，线的疏密变化可以表达物体的光影体积。因此，要表现建筑、景物在光线的照射下，强烈的形体轮廓和明暗对比以及生动、丰富的画面，单线刻画就显不足。

线面结合的表现语言又称为明暗画法。可以利用钢笔线条的疏密画出丰富的层次和强烈的黑白对比效果（图 9-16）。

9.3.3　钢笔徒手线条的技法要领

钢笔徒手画用同一粗细（或略有粗细变化），同样深浅的钢笔线条加以叠加组合，来表

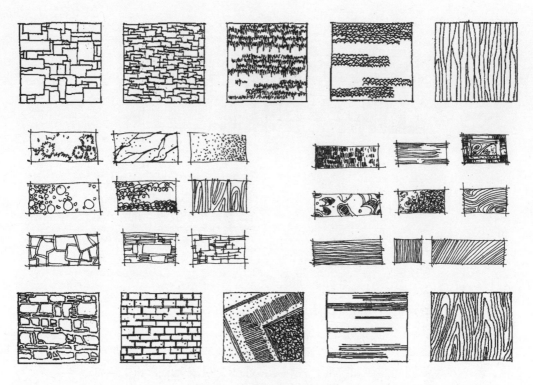

图 9-14 各种钢笔的排线表现

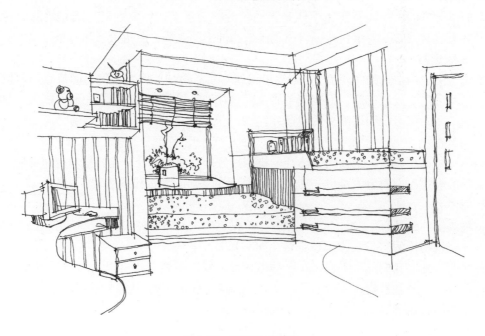

图 9-15 钢笔线条表现

现建筑及其空间的形体轮廓、空间层次、光影变化和材料质感。要画好徒手表现画，首先必须做到以下几方面：线条要美观、流畅；线条的组合要巧妙，要善于对景物深浅作取舍和概括；线条运笔要轻松、流畅，一次一条线，切忌分小段反复的描绘一条线；过长的线条可以

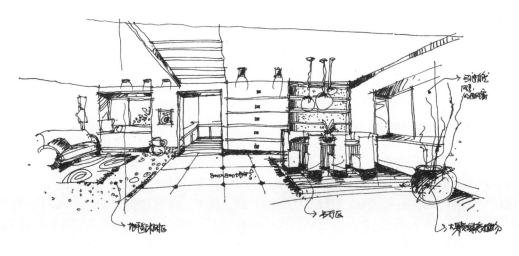

图 9-16　线面结合的钢笔表现

断开，分段画，不宜搭接，因为搭接容易在搭接处出现粗点；线条绘制宜采用小的波浪线，但求整体大直；线条转角搭接完整，表达空间结构的线条宜清晰简洁（图 9-17）。

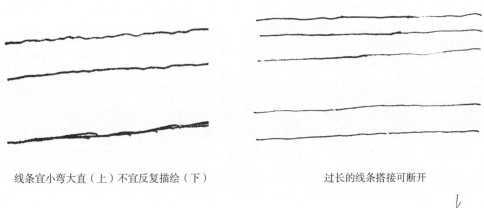

线条宜小弯大直（上）不宜反复描绘（下）　　　　　　过长的线条搭接可断开

图 9-17　钢笔徒手线条的表现

9.4　方案设计的表达

建筑装饰设计在不同的阶段，采用的表达方式是不一样的。一般情况下我们根据不同的设计阶段的不同要求与特点采用适合的表达形式。

9.4.1　方案的构思阶段

在设计初期，设计师面对功能、形式、技术等多方面的问题，常常需要找到一个较好的设计切入点，准确把握设计的中心问题，从而系统化地展开设计工作。这样的切入点通常是以设计草图的形式表达出来的。设计草图是为分析、思考、讨论和交流设计的中心问题而绘出的简明的图示思维表达。设计草图一般来说具有三个层面的作用：一是在设计师自我体验的层面，记录设计的创造思维，用以自我发展设计；二是设计师团队内部交流，用以提交给设计团队讨论，从而激发思维，拓宽视野；三是在设计师与业主交流的层面上，用以向业主表达设计的基本构想框架，并听取业主的意见，以便方案的进一步研究。

设计草图的表达内容是按设计本身问题的特征划分的。针对设计中不同的问题，应绘制不同内容的草图，以使得图示表达清晰准确，从而便于讨论交流。按照内容分类设计草图可分为功能、形式两方面内容的草图，具体如下：

1. 功能的设计草图

功能的设计草图一般是用平面布置草图表达的。平面布置是方案构思过程中最重要、最难把握的一个环节。平面布置图首要原则是要满足空间使用功能的分布，在建筑框架的局限中去寻求空间利用的最大可能性。功能设计草图围绕空间的使用功能展开思考，对平面功能分区、交通流线组织、空间限定方式等方面的问题进行分析。在室内装饰设计中，能周详地完成一张平面布置图，几乎等于完成了一大半的设计构思；反之，如果平面布置构思没有得到确认，就开始进行立面或施工图的设计工作时，往往其他图样的制作都是徒劳。建筑本身是一个立体的空间，所以设计师应注重对于平面布置图的训练。

2. 形式的设计草图

形式设计草图的主要内容是体现室内装饰设计的空间形的表现。同时注意把握所营造的空间总体艺术气氛。这种草图以徒手画的空间透视速写为主，也可以配合立面构图的速写，以表现空间的总体形式。方案设计是设计概念思维的进一步深化，也是设计表现最关键的环节。设计者头脑中的空间构思最终还要靠方案图把设计的具体形象、设计过程的层次展示在设计委托者的面前。

设计草图按照设计进行的时间先后顺序，还可分为概念性草图和阶段性草图两种。概念性草图指给出设计的框架和方向，为设计的深入创造充分的发挥空间，通过大量的概念性草图明确设计的最终意图（图9-18）。阶段性草图是指结合分析阶段设计的限定因素，对概念性草图阶段所明确的设计切入点进行深入，如形式、结构、色彩、材料、功能、风格等问题给出具体的方案。这是设计过程中最重要的内容，所有的设计结果将在这里初步呈现。因此，优秀的设计表现能力是此阶段顺利进行的保证，也决定了设计的成败。

方案草图的表达是基于设计师对空间完全理解的情况下，将设计构思用立体的形式表达出来的一个总过程，是设计思维概念转化成实际成果的重要手段，设计师只有掌握好草图方

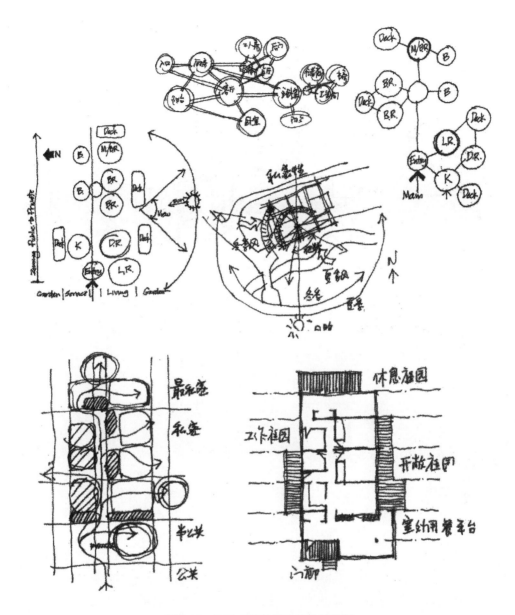

图 9-18　注重功能的概念性设计草图

案的表现能力，才能随时随地捕捉闪现的灵感。草图设计有多种表现形式，通常可以是以较严格的尺度与比例绘制的平面图、剖面图等；也可以是完全以符号、徒手线条等表示的分析图；甚至是借助透视技法绘制的比较直观的分析图。这一阶段的草图主要是供设计师自己分析与思考形象材料，绘画的形式也无特别的限定，关键是能在草图中表达设计的重点，能够帮助设计师深入思考，发现问题并为设计的深入提供形象的依据。方案草图的具体表现方式有铅笔素描、钢笔淡彩、马克笔、彩色铅笔描绘或计算机草图等，许多设计师在学习期间都已进行过一些具体的训练（图 9-19）。

　　设计草图表达是设计师必备的基本功。能够熟练地掌握好手绘草图，等于随时随地带着一个设计工作室，不管是在工地或进行业务洽谈，都可马上将自己的构思充分地表达出来。

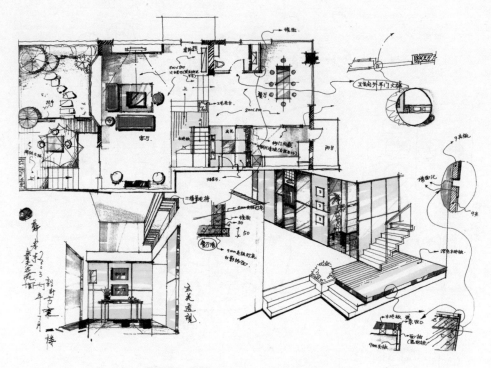

图 9-19　注重设计形式的阶段性设计草图

所以设计草图表达是设计师表达能力的必修课，也是高效完成设计工作的有力保证，好的设计师必然具备良好的草图表达能力，这是毋庸置疑的。

9.4.2　方案设计的成果表达阶段

方案草图基本完成后，就需要对该方案完成最终的设计表达。建筑装饰设计方案的表达是一种图示的表达，根据不同的设计对象在这一阶段，可采用不同的表现形式来表达设计效果。通常设计方案成果阶段图样的表达有如下几种：方案设计图包括平面图、顶棚图、立面图和设计效果图等。根据委托方需要，这一阶段的工作的成果——各项不同的图样，可按要求装订成统一规格的文本文件，如 A3 或 A4 规格的文本。通常效果图及主要的平面等图样还可能装裱成较大幅面的版面，以供有关人员在会议或其他场合观看。

1. 方案设计制图

在这个阶段的后期，所有的图样在经过修改和核准后，应当按适当的比例绘制成正式的图样。按照设计的要求，室内装饰设计方案的文件通常包括：①总平面图；②各个室内的平面图；③各室内不同方向的剖面图或立面展开图；④顶棚平面图；⑤必要的分析及示意图；⑥较详细的设计说明与造价概预算；⑦用文字和图表的方法，完整地表示设计的意图和构思的重点，也是作为图样和透视图的补充。这些图样有时并不一定是设计过程中必须全部具备的。但在设计的初步方案阶段，利用一些图示式的分析及示意图的方式，有助于与委托方的沟通，并能有助于有逻辑地表达设计的意图和设计师的思考过程。

1）总平面图：在方案设计中，如果设计内容包括同一楼层，不同位置的各个室内，总平面图就是必需的；如果有几个楼层，还需要相关楼层的总平面图，通常的比例是 1:100 以上。

2）平面图：各个室内的平面图（包括家具的布置），通常的比例是 1∶50 或以上，前提是能够比较充分地表示各个室内主要空间与家具的相互关系及主要的细节。

3）顶棚平面图：顶棚平面图通常要求能表示出室内灯具布置、顶棚设计、空调出风口位置等，通常采用与平面相对应的比例。

4）立面图：各室内不同方向的立面展开图，可表示室内各个立面的装修设计情况及家具的形式，立面图比例通常一致。

2. 设计效果图

效果图是方案设计的虚拟再现，是为了表现设计方案的空间效果而作的一种三维阐述，设计方应根据方案的特点确定表现技法。对于委托方来说，效果图比较直观明了。了解设计构思的综合表现，效果图是理解设计的一种最有效的方式。

在实际的业务沟通中，效果图只是设计师表现方案的其中一种手法，并不是设计工作全部。效果图中所标示的色调、用料及气氛只表达了该空间某一时空的情景，因材质、光线等原因与现实有很大的差距。因此，效果图不可作为委托方验收的对照标准，它不能全部表现空间的所有立面或内在的工艺，要真正实施工程项目及结算，必须严格按施工图来落实。效果图的审美素养及手绘透视图的基本功是设计师务必掌握的两项基本技能，对设计表达水平的提高起着举足轻重的作用。

3. 创意成果的展示方式

设计构思基本完成后，归结为一份创意成果，可采取多种表达方式与委托方进行沟通。

（1）展板展示。将设计师完成的方案草图、成品效果图、方案平面图等具有技术含量的图样及相关图片，装裱成 A0～A3 的展板或图册，向委托方进行展示说明，完成展板或图册制作需要与平面设计师配合，对相关的内容进行设计和编排，方可完成。展板展示方式是最常用、必不可少的方式，方便了甲乙双方的直接沟通及翻查，尤其是方案图册（A3），让委托方易于阅读及携带，广为委托方所接受（图 9-20）。

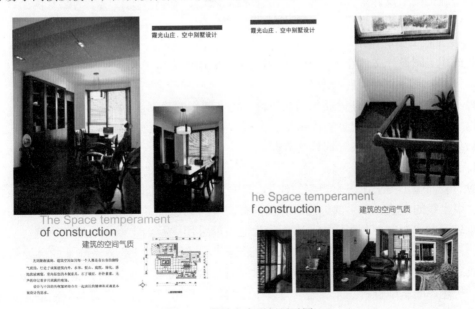

图 9-20　设计方案展板展示图

（2）计算机投影展示。计算机展示利用计算机软件对相关图样及图片编辑制成的方案展示文件，如 PowerPoint、3D 动画场景模拟展示，尤其是 3D 动画的展示通过模拟摄像机镜头的移动，再现空间的次序及相互的衔接关系，让观者更直接地感受到设计方案的真实场景，还可以配上与作品内容相协调的背景音乐及解说，进行气氛的渲染，真正达到声色辉映的展示效果，对设计方案的陈述起到很好的作用。利用计算机投影进行展示演绎，常常需要设计师提前解说预演练习，熟悉自己的展示程序和节奏，才能做出令人满意的效果。

（3）立体模型展示。立体模型展示的方式是按一定比例做出方案的缩小的模型，能立体再现一些空间交错复杂的设计构思（如空间结构层次较多的独立别墅、商场、特别造型较多的展场等），而且可以采用仿真材质、安装灯光，使委托方更加直观地感受空间穿插的变化，起到很好的展示效果。但模型展示修改麻烦，携带不便，受缩小比例的限制，难以表达一些精彩的设计细节而影响展示效果。

9.5　建筑装饰设计施工图的绘制与要求

9.5.1　建筑装饰施工图设计的目的与任务

建筑装饰施工图是指建筑装饰设计从方案到最后实施阶段的技术性图样，它要求以符合国家规范的制图方法绘制，也是设计者用技术的方法向施工者表达设计意图，规定施工方法的技术文件。它是工程技术人员用来表达设计思想、进行交流的语言，也是在施工中分析问题和解决问题的依据。所有从事工程设计的人员，都必须掌握制图技能，准确而详尽地表达出装饰施工图。

9.5.2　装饰施工图的作用和特点

装饰施工图是设计单位设计意图的最直接的表达，是指导工程施工的必要依据，对工程项目完成后的质量与效果负有相应的技术与法律责任。

1. 装饰施工图的作用

装饰施工图设计文件在工程施工中起到的主要作用为以下几点：

1）编制施工组织计划及预算的依据。

2）安排材料、设备订货及非标准材料、构件制作的依据。

3）安排工程施工及安装的依据。

4）进行工程验收及竣工核算的依据。

2. 装饰施工图的特点

建筑装饰施工图采用国家规定的建筑工程的制图规范和图示标准。图形标准包括图纸的大小、引出线的画法、索引的标志、详图的标志等。图示标准包括各种材料、界面的转折起伏变化表示方式。在一些图样中，有时设计者可能采用一些约定俗成的设计图例。

1）严肃性：装修施工图是设计单位的最终"技术产品"，是装修施工的必要依据，对于完成后的设计质量及效果负有相应的技术责任。在项目投入使用后，施工图是进行维护、更新、扩建等的基础资料。尤其是一旦发生质量或使用事故，施工图则是判断的主要依据。

2）承前性：一般的工程设计分为方案设计、初步设计和施工图设计三个阶段。施工图设计必须以方案设计与初步设计为依据，忠实于既定的基本构思和设计原则。

3）复杂性：就民用建筑而言，施工图设计必须把方案设计的总体布局、平面构成、空间处理、立面造型、色彩用料、细部构造以及功能、防火、节能等关键设计内容充分表达，并成为其他工种设计的基础资料。

4）精确性：如果说方案设计和初步设计的重点在于确定想做什么，那么施工图的重点则在于如何做。例如，平面图不仅要表示各房间的布局设计，还必须确定房间的位置和尺寸，确定立面造型、材料与定位等。

5）逻辑性：施工图的内容繁多，而且要求交代详细，图样数量较多。因此，图样的编排就有较强的逻辑性，在设计文件的图样目录中应注明图集名称，按统一的标准设计制图。这样不仅便于设计与其他工种之间的配合，更主要的在于便于施工者看图与实施，避免错漏，确保质量。

9.5.3　绘制装饰施工图方法

在绘图过程中，要始终保持高度负责的工作态度、认真细致的工作作风。所绘制的施工图，要求合理、正确、表达清楚、尺寸齐全、字体工整以及图样布置紧凑、图面整洁等，这样才能满足施工的需要。

1. 决定图样数量

确定绘制图样的数量，即根据室内布置和建筑空间的复杂程度，以及施工的具体要求，决定绘制哪几种图样。对施工图的内容和数量要作全面的规划，防止重复和遗漏。

2. 选择图样比例

选择合适的比例，在保证图样能清晰表达其内容的情况下，根据不同图样的不同要求，选用不同的比例。

3. 合理布置图面

进行合理的图面布置，图面布置（包括图样、图名、尺寸、文字说明及表格等）要主次分明、排列均匀紧凑、表达清晰。在图纸大小许可的情况下，尽量将同类型的、内容关系密切的图样，集中在一张或顺序连续的几张图纸上，以便对照查阅。若画在同一张图纸或不画在同一张图纸时，它们相互对应的尺寸，均应相同。

9.5.4　建筑装饰施工图表达内容与深度

施工图与设计方案图相比，特别注重图样表达的尺寸精确和细节的详尽。尤其是一些特殊的节点和做法，都要求以剖面详图的方式将重要的部位表示出来。因要画出正确的剖面详图，必要的构造与施工知识是不可欠缺的。初学者在绘制施工图时遇到的最大困难是各种构件的连接方式。施工图的绘制要求设计者具有清晰的空间概念。研究和观摩已有的施工详图例，是熟悉装饰施工图画法的有效方法。除了表示构造方法的剖面详图外，在一些需要特别表示设计者意图或是向施工方提出特别要求或规定特殊造型的局部，常要用较大的比例尺寸（如1:1或更大的比例）局布详图方式来表示详尽的造型或做法的细节。

一般的施工图绘制已经全面采用计算机化，通常采用是 Auto CAD 软件，或在此软件下开发的专用制图软件。因此，熟悉必要的计算机软件也是对设计师的基本要求。总之，在装饰施工图设计中应符合标准设计制图的规范，并在设计文件的图样目录中注明图集名称，做到图面清晰、简明，符合设计、施工、存档的要求，建筑工程制图规范中未规定的图形和符号，需在图样上注明。

一套完整的建筑装饰施工图包括封面、目录、平面类图（包括总平面布置图、间墙平面图、地花平面图、顶棚安装尺寸施工图）、立面图、大样图、水电设备图（弱电控制分布图、给水排水平面图、电插座平面图、开关控制平面图）等以及各类材料、家具陈设表。

1. 封面

封面的内容包括：项目名称、图样性质（方案图、施工图、竣工图）、时间、档号、公司名称。使用统一的图纸标准文本序号能突出公司的整体形象。图样目录表制作详细指引层数、区号、位置和图样性质。

2. 平面类图样

平面图是装饰设计施工图中最基本、最主要的图样，其他图样（立面图、剖面图及详图）是以它为依据派生和深化而成的，也是其他相关工种（结构、水暖、照明等）进行分项设计与制图的重要依据。平面图通常比例为 1:100 或 1:50，即这些利于换算的比例数值。平面图的表达内容：平面图所表达的是设计对各层室内的功能与交通、家具及设施布置，地面材料及分割，以及施工尺寸、标高、详图的索引符号等（图9-21）。

（1）总平面布置图的表达内容。

1）正确画出土建结构框架、柱网。

2）正确标出轴线。

3）图中标明功能区名称，地面主要材质，图字原则上应标注在图中，但也可根据实际情况将图字标注在图外或尺寸标注之内，注意引线尽量避免与其他图墙线、尺寸线相交，以及引线过长。

4）标出相对地面标高及坡度走向。

5）平面图中的图例，要根据不同性质的空间，选用图库中的规范图例。

6）家居装饰施工图必须标出各个空间的平面面积，图标图样名称后面标注该套间的建筑外框面积或使用面积。

7）图标须按比例标出层数和空间比例字样，以及指北针。

（2）间墙平面图的表达内容。

1）图例规范：分别标出剪力墙、建筑原有墙体、新建间墙、玻璃间墙的位置，既方便设计师从不同表示方法中一眼看出哪些墙身能进行拆改，也方便工程预算。

2）应标明新建墙体厚度及材质，标出起间位置及尺寸，与原有墙体的关系。这是按图施工的重要依据（原有墙体不须标注尺寸）。

3）标明平面完成地面的高度，为立面图、施工图及以后的施工操作提供看图的便利。

4）标明预留门洞尺寸，先将门洞预留，避免以后施工中不必要的凿墙。在大型项目门型较多时，要独立制定门表，并将各种门的代号（M_1、M_2 等）标注在图样上。

5）标明预留管井及维修口位置、尺寸，为装修设计的合理性打下基础。

6）绘制建筑原始平面图，便于施工单位核对需拆除的墙身及核算施工成本。

（3）地花平面图的表达内容。

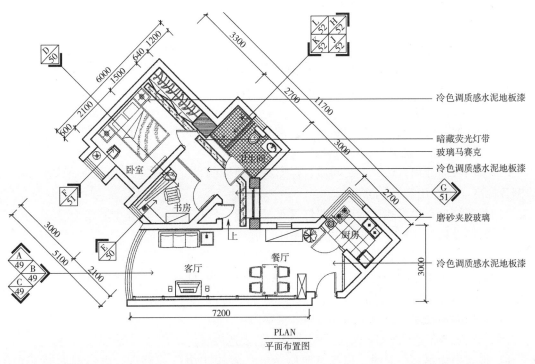

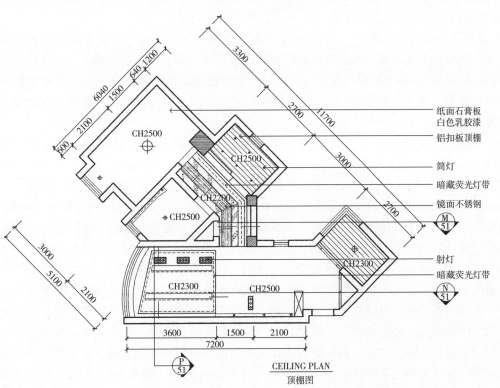

图 9-21　某装饰施工图的平面布置图和顶棚图部分

1）用不同的图例表示出不同的材质，并在图面空位上列出图例表。

2）标出材质名称、规格尺寸、型号及处理方法。

3）标出地面铺贴的尺寸，起铺点位置，注意地面石材、波打线、地脚线的表达；地面材质铺砌方法、规格应考虑出材率，尽量做到物尽其用。

4）标出材料相拼间缝大小、位置。

5）标出完成面标高。

6）特殊地花的造型须加索引指示，另做放大详图，并配比例格子放线详图。

（4）顶棚平面布置图的表达内容。

1）顶棚表面处理方法、主要材质、标出造型顶棚的尺寸、标高以及以地面为基准标出顶棚各标高（用专用符号）。

2）顶棚灯具布置形式，标出主要灯具布置定位、灯孔距离（以孔中心线为准）。

3）顶棚设备的处理如空调的主机及出回风位置、排气设备位置、智能系统设备定位、消防系统设施（背景音箱、喷淋、烟感、通道指示牌）位置、顶棚安装尺寸施工图。

4）相关建筑构造的处理如消防卷帘、伸缩缝、检修口的位置与处理，文字注明其装修处理方式，必要时另绘制详图。

5）造型的顶棚须标出施工大样索引和剖切方向。

（5）开关、插座平面图（家居平面使用）的表达内容。

1）根据平面图、立面图、顶棚光源所示的位置画出电气线路图，电器说明及系统图（工程项目简单的可以不绘制系统图）放在开关平面图的前面。

2）普通开关的通常高度为1300mm，在图标上方应注明开关（以开关中线为准）在墙面的位置；感应开关、计算机控制开关的位置要注意其使用说明及安装方式。

3）开关的位置选择要从墙身及摆设品作综合的考虑，尤其是长期裸露的开关位置的美观性要详加考虑（要与立面图对应）；开关横放和竖排都应按实际使用再作调整，与墙体达到美观协调。

插座平面图在平面图上用图例标出各种插座，并标出各自位置的尺寸，如普通插座（如床头灯、角灯、清洁备用插座及备用预留插座）高度通常为300mm；电视、音响设备插座通常高度为500~600mm（以所选用的家具为依据）；标注厨房预留插座位置；分体空调插座的高度通常为2300~2600mm，通常安装在顶棚底以下，若预留的插座附近有开关时，应说明与此位置的开关高度相同，统一为1400mm。弱电部分插座（如电视接口、宽带网接口、电话线接口）的高度和位置应与插座相同平面的家具摆设相适应。

（6）立面图的表达内容。根据平面图画出各空间墙身的主要造型，在图的下方或图中标出造型尺寸。尽量在同一张图纸上画齐同一空间内的各个立面，并于下方插入该空间的分平面图，让看图者清晰了解该立面所处的位置。当一个空间需要用多张立面图完成时，所有的立面图比例要统一，并且编号尽量按顺时针方向排列。单面墙身不能在一个立面图完全表达出来时，应优先选择造型工艺最简单的地方用折断符号在同一个地方断开，并用直线连接两段立面图。在立面图的左侧标出立面的总尺寸及大的分尺寸。如图9-22所示为某家装施工图的部分立面图。

1）立面图是以表达室内各立面方向造型、装修材料及构件的尺寸形式与效果的直接正投影图，室内各方向界面的立面应绘全。

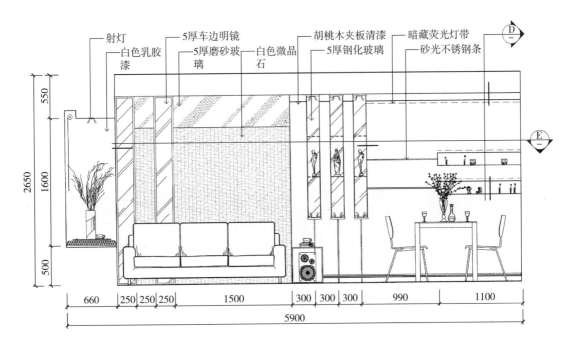

图 9-22 某家装施工图的部分立面图

2）立面图表达的内容为投影方向可见的室内装修界面轮廓线和构造、配件做法，必要的尺寸和标高；前后重叠时，前者的外轮廓线宜向外侧加粗，以方便看图。

3）各部分节点、构造应以详图索引，注明材料名称或符号。

4）立面图的名称可按平面图各面的编号确定，也可以根据立面两端的建筑定位轴线编号确定。

5）立面图的比例，根据其复杂程度设定，不必与平面图相同，完全对称的立面图，可只画一半，在对称轴处加绘对称符号。

3. 剖面图

剖面图是室内空间的竖向剖视图，按直接正投影法绘制。剖面图的表达内容包括：

1）细实线和图例画出所剖的原建筑实体切面（如墙体、梁、楼板等）以及标注出必要的相关尺寸和材料，用粗实线绘出投影方向的装修界面轮廓线，以及标注出必要的相关尺寸和材料。

2）剖视图中应注明材料名称、节点构造及详图索引符号。

3）标高系指装修完成面及顶棚底面标高。

4）内部高度尺寸，主要标注顶棚下净高尺寸。

5）鉴于剖视位置多选在室内空间比较复杂、最有代表性部位，因此墙身大样图或局部节点图应从剖面图中引出，对应放大绘制，以表达清楚。

4. 详图

详图包括大样图、节点图和断面图三部分。详图可以是俯视图（平面图）、正视图（正立面图、背立面图）、侧视图（侧立面图），也可以画出轴测图示意。其中大样图一般要求为局部详细的大比例放样图，且要求注明详细尺寸、材料做法，注明所需的节点剖切索引号等。节点图一般要求详细表达出被切截面从结构体至面饰层的施工构造连接方法及相互关系和详细的施工尺寸，表达出详细的面饰层造型与材料，说明各断面构造内的材料及有关施工所需工艺要求。

在建筑装修工程中，新材料、新工艺层出不穷，其装修施工图的详图必然也是不断出新、五花八门。但无论怎样变化，详图都要立足于详实简明，做到以下几点：①图形应真实正确、构造清晰、构造做法交代清楚，恰当运用装饰材料图例；②绘制的图样要有细致的尺寸标注，包括材料的规格尺寸、带有控制性的标高，以及有关的定位轴线、索引符号的编号和图示比例等；③遇到图样无法表达的内容，如材质做法、材质色彩、施工要求、详图名称等都应标注得简洁、准确、完善（图9-23）。

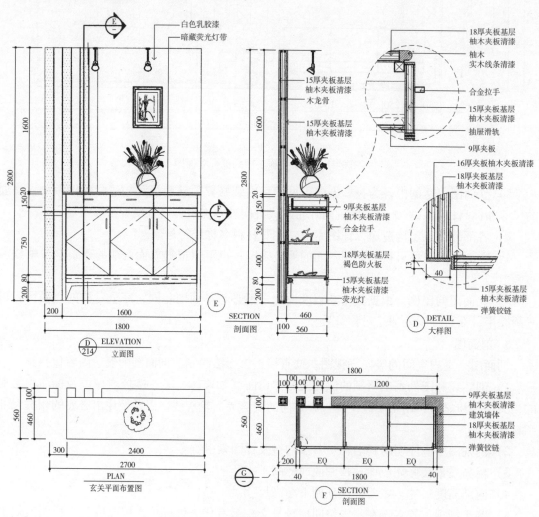

图9-23 某装饰施工图的部分家具、节点图

5. 其他

建筑装饰设计为保障居住者日常物质生活的舒适方便，必须提供采暖及通风、电力与照明、给水和卫生排污等。这些一般称之为室内设备系统，也是现代室内装饰工程的基本组成部分。作为室内设备系统，设计不仅仅满足于功能，还得与室内整体设计相配合。

　　室内设备系列的图样常用的有：给水排水工程图、照明与电器电路图、空调工程图等。因为这些图样的专业性很强，需要各专业工程师发挥各自的知识和专长，协同室内设计开展工作。而作为室内装饰设计师，则应该考虑到室内设备系统的存在，并应了解其基本知识，以避免在设计中产生不必要的冲突。

本 章 小 结

　　本章从介绍建筑装饰设计表达的任务与要求开始，系统地讲解了建筑装饰设计表达的内容与图纸表达；重点介绍了建筑装饰设计方案表达的类型与特点，方法与技巧，方案表达中钢笔徒手表达与设计字体的写法；并重点介绍了建筑装饰施工图设计的内容与要求。

思考题与习题

　　1. 建筑装饰设计方案的表达有哪些类型，各自有何特点？

　　2. 建筑装饰施工图的任务和目的是什么，包括什么内容，要求达到什么样的表达深度？

　　3. 结合实例分析建筑装饰空间设计的草图表达的重要性？

实 践 环 节

　　1. 教师提供一套完整的建筑装饰设计图样，包括从方案的表达到施工图设计，帮助学生识图，加强本章节所学内容的理解，掌握建筑装饰设计的图示表达。

　　2. 结合教材第 10 章的课程任务（五）初步设计，教师安排学生进行作业练习。

第10章
设计指导书、任务书范本

课程任务书（一）：初识设计

第1部分　教学指导书

1.1　教学目的

（1）初步接触建筑装饰设计的基本概念；学习观察、分析和了解建筑装饰设计的内容、特点以及设计依据；初步了解室内装饰设计师应具有的知识素养以及要求。

（2）了解并熟悉人体活动的基本尺度和常用家具的基本尺寸，领悟人体尺度与建筑装饰设计之间的关系。

（3）从专业的角度学习并分析人的行为规律与建筑空间及环境之间的关系。

（4）初步了解建筑空间的概念，学习并初步建立建筑空间与人体尺度之间的关系，了解空间的限定、组合和交通流线的知识概念，进而认识具体影响空间质量效果的制约要素，如：空间的比例、空间的尺度、空间的边界及轮廓、空间的朝向、空间中的道路交通组织以及时间动态因素等；通过作业练习，初步了解并认识空间分析的简单方法步骤。

（5）学习并掌握铅笔、钢笔工具制图的基本技法以及相关绘图工具的使用方法。

（6）初步了解如何从专业的角度描述建筑装饰设计（文字或图示）；认识并学习绘制简单室内装饰设计的平面、立面、剖面图，并理解三者间的相互关系。

（7）强化训练徒手钢笔草图绘制的技能。

1.2　教学程序

本设计任务分以下三个阶段进行。

1.2.1　前期准备阶段　共2周

通过教师讲解第1章概论部分包括建筑装饰设计的含义；建筑装饰设计的内容与特点、

分类和设计依据；装饰设计师应具有的知识素养和技能要求；建筑装饰设计与相关学科的关系；以及如何从专业的角度描述建筑装饰设计（文字或图示）。初步介绍人体尺度的基本概念，使学生了解人体尺度与建筑装饰设计之间的关系，学会从专业的角度学习并分析人的行为规律及其与建筑环境的必然联系，从而初步建立建筑空间尺度的基本概念，了解建筑装饰设计基本表达方法。讲解任务要求，由学生自行组合团队（每组 6 ~ 8 人），为后期的小型建筑室内装饰设计测绘任务做前期准备。用一周时间进行有关建筑空间与尺度相关设计案例的收集与分析，案例收集到位后进行组内讲评。

本阶段着重考虑和解决以下问题：

（1）熟悉并掌握常用人体尺度数值，对照建筑空间尺度数值，领悟人体尺度与建筑空间之间的密切关系。

（2）从空间与环境的角度分析案例的尺度关系以及产生的不同空间感受。

（3）在日常生活中收集整理与人体尺度、人体行为相关的资料。

（4）徒手或尺规绘制 A4 图幅记录建筑空间测绘的原始资料。

（5）熟悉并掌握铅笔、钢笔工具线条专业表现的基本技能。

1.2.2　实测与体验空间尺度　共 1 周

在老师的指导下结合任务书要求，以小组为单位观察和体验不同尺度的建筑空间（建筑室内空间、室外空间），学会用不同方法测量空间尺度，分析建筑空间与人体尺度、人的行为规律、人的行为感受的内在关系，建立专业的空间尺度概念。而后分工收集、整理调研成果，以草图的形式完成分析报告。

本阶段着重解决以下问题：

（1）掌握体验并测量不同尺度的建筑空间的专业方法。

（2）建立正确的建筑空间尺度概念。

（3）探索人体尺度、人体行为规律与建筑空间环境设计的关系。

（4）学会并掌握收集、整理、绘制调研成果的专业方法和技巧。

（5）训练小组合作的工作方法。

1.2.3　成果绘制阶段　共 1 周

（1）改进和完善分析草图，进入正图绘制工作，着重指导学生运用钢笔尺规进行建筑装饰专业设计表达和图纸版式设计。

（2）按照任务书成果深度要求完成。

1.3　成果要求

1.3.1　完成常用人体尺度、家具设备尺度数据的收集（以组为单位，个人完成）

以 A3 文本的形式分类收集整理不同家具及其相关人体尺度数据，以图示为主、表格文字为辅。要求有封面及标题、目录、内容，注明班级、组员名单及分工安排、指导老师、时间、调研地点。

1.3.2　绘制测绘草图（以组为单位，个人完成）

以 6~8 人为一组，以建筑装饰设计的内容与特点、人体工学、建筑空间的特点等设计理论为基础，分析你所处生活、学习、活动、休憩等建筑环境（建筑内部空间如教室、宿舍；建筑外部空间如 200m² 以内校园广场、校园庭园等）的空间感受，任选庭院空间、园林空间或建筑内部三种空间类型之一作为研究对象进行实地参观体验；要求每组学生在共同完成具体空间的平面布局、家具尺度及布置、剖面比例以及人体活动规律的细致调研的前提下，分工完成对具体空间的空间构成要素、比例尺度、具体空间效果的深入剖析。

每组完成的最终研究成果包括：完成所选空间的实测平面图（1:100）、立面图（1:50）、家具设备布置图（1:50）、空间尺度分析图，A3 图幅铅笔工具线条徒手表达。

1.3.3　调研测绘正图（以组为单位，个人完成）

实测建筑空间尺度正图：

（1）建筑室内空间测绘部分（如教室、宿舍）。实测平面图（1:100；1:50）、实测顶面图（1:100；1:50）、立面图（1:50；1:25）、家具设计图（1:20；1:10）、空间尺度分析图，A2 图幅铅笔工具线条图表达。其中文字书写应用仿宋字体，版式设计学生可以自行设计。

（2）建筑外部空间、庭院等。内容要求同草图，A2 图幅钢笔工具线条专业表达，其中文字书写应用仿宋字体。以小组为单位统一构图并装订成册。

第 2 部分　教学任务书

2.1　教学目的

初步建立建筑空间与人体尺度的关系；初步认识人体工程学与室内装饰设计的关系，通过感知与测绘建筑空间，学会从专业的角度分析表达建筑空间（工具图示表达）。

2.2　教学任务要求

（1）以 A3 文本的形式收集常用家具及其相应人体活动尺度数据和图文资料。

（2）收集案例，采用 A2 图幅，运用专业图式对建筑空间及其尺度进行分析。

（3）采用 A2 图幅，运用专业图式对实测的建筑空间进行空间尺度及环境的分析。

（4）图样内容：

1）建筑室内空间测绘部分（教室、宿舍）。实测平面图（1:100；1:50）、立面图（1:50；1:25）、家具设计图（1:20；1:10）、空间尺度分析图、文字说明。A2 图幅铅笔或钢笔工具线条表达，其中文字书写应用仿宋字体，版式设计学生可以自行设计。要求图面整洁，构图美观，线条表现专业、清晰、流畅，符合制图规范标准。

2）建筑外部空间（庭院、校园小广场）。空间的实测平面图（1:100）、立面图（1:100）、环境小品设计图（1:50；1:20）、空间尺度分析图，A2 图幅钢笔工具线条专业表达，其中文字书写应用仿宋字体。以小组为单位统一构图并装订成册。要求图面整洁，构图美观，线条表现专业、清晰、流畅，符合制图规范标准。

（5）小组合作限于 6~8 人。

（6）作业成果：

1）收集常用人体尺度相关数据（小组合作，个人完成）。

2）实测建筑空间尺度正图（小组合作，个人完成）。

2.3　学时进度

本任务为期 4 周（课内共 18 学时、课外共 24 学时）。分以下三个阶段进行：

阶　　段	周　次	内　　容	课　　时	要　　求
前期准备阶段（2 周）	1	讲课	6	收集常用家具及其相应人体活动尺度数据和图文资料
	1	资料收集	课外	收集案例，采用 A2 图幅，运用专业图式对建筑空间及其尺度进行分析
实测与体验空间尺度（1 周）	2	专教辅导	6	铅笔（钢笔）徒手绘制一套完整实测建筑的原始资料记录草图、体验建筑的空间尺度，分析草图
成果绘制阶段（1 周）	3	专教辅导成果评析	6	调整完善正草图，铅笔（钢笔）尺规绘制一套完整建筑装饰设计实测图

注：图纸规格统一为 A2，不得放大或缩小。

2.4　参考书目

（1）《建筑初步》（作者田学哲）。

（2）房屋建筑制图统一标准（GB/T 50001—2010）。

（3）建筑制图标准（GB/T 50104—2010）。

（4）《图解思考》（作者保罗·拉索）。

（5）《建筑空间组合论》（作者彭一刚）。

（6）《外部空间设计》（作者芦原义信）。

（7）《室内设计资料集》（作者张绮曼、郑曙旸）。

（8）《人体尺度与室内设计》（作者龚锦编译）。

（9）《室内人体工程学》（作者张月）。

（10）《人体工程学图解》（作者阿尔文 R. 蒂利，译者朱涛）。

2.5　工具材料

（1）测绘材料/工具。钢卷尺（3~5m）、钢卷尺（7m）或皮尺、速写本、铅笔（2H~

2B）、针管笔、照相机等，条件允许的情况下可以配备红外测距仪。

（2）绘图材料/工具。草图纸、绘图纸、A2（420mm×594mm）坐标纸、铅笔（B、HB、H）、针管笔、三角板、丁字尺或直线尺、圆规、比例尺、橡皮、擦图片、绘图模板、图板、胶带等。

2.6 实测选择题目（学生根据自身情况自选其一）

题目1：实测宿舍空间
题目2：实测教室空间
题目3：实测200m² 以内庭院空间
题目4：实测200m² 以内校园广场空间

2.6.1 实测步骤

1）对实测对象做深入细致的调查，如空间平面形式、家具布置等；了解被测空间的组成及各组成部分的名称和作用；了解该空间所处的位置、周围环境、朝向；了解空间地坪标高；了解墙体或柱、门窗的位置、材料和尺寸等。

2）徒手绘制草图：根据实测的结果绘出所测建筑空间的平面布局图（含家具设备布局，标注两道尺寸线）、室内立面图（标注各部分造型的尺寸、材料，标注层高）、空间尺度分析图、人体活动规律分析图、说明等。

3）在需要标注尺寸和标高的地方绘出全部的尺寸线和标高符号，然后用尺（皮尺或钢卷尺）进行丈量，要求先总尺寸，后细部尺寸，边量边记，最后进行全面的校核，完成与实体相符的空间草图。

2.6.2 建筑空间测绘的主要内容

1. 建筑室内空间测绘部分（教室、学生宿舍）

（1）测出该建筑空间形状，包括长宽尺寸、空间高度。

（2）测出该建筑内部空间门窗位置及尺寸、立面各部分的造型尺寸以及内部设备设施的尺度位置。

（3）家具尺寸及布局。

2. 建筑外部空间、庭院等

（1）测出所测空间场地的总尺寸，地坪高差变化，台阶或栏杆高度尺寸等细部尺寸。

（2）测出建筑外空间周边的地形和道路绿化。

（3）测出建筑外空间场地内的环境设施、地面材料等细部尺寸。

2.6.3 成果绘制

将所完成的草图及资料收集齐全，按任务要求绘制图形（绘图比例可以根据测绘内容调整）。

1. 建筑室内空间测绘部分（教室、宿舍）

成果绘制包括：实测平面图（1:100；1:50）、四向立面图（1:50；1:25）、家具设计图

（1:20；1:10）、空间尺度分析图；文字说明部分文字宜概括、字数控制在 200 字左右。A2 图幅铅笔或钢笔工具线条表达，其中文字书写应用仿宋字体。要求测量及绘图准确、完整；平面图、剖面图几何关系正确；图面整洁，构图美观，线条表现专业、清晰、流畅，符合制图规范。

2. 建筑外部空间、庭院部分

成果绘制包括：空间的实测平面图（1:100）、立面图（1:100）、环境小品设计图（1:50；1:20）、空间尺度分析图，A2 图幅钢笔工具线条专业表达；文字说明部分文字宜概括、字数控制在 200 字左右，其中文字书写应用仿宋字体。要求测量及绘图准确、完整；平面图、剖面图几何关系正确；图面整洁，构图美观，线条表现专业、清晰、流畅，符合制图标准。

课程任务书（二）：欣赏设计

第1部分　教学指导书

1.1　教学目的

（1）对各种装饰设计风格有初步的了解，体会设计理念与设计作品之间内在联系，进一步认识装饰设计的艺术性与技术性双重性的特点。

（2）了解各个历史时期建筑装饰的特点；对中西方建筑装饰进行评价和赏析。

（3）初步认识设计符号与形式、文化的关系。

（4）初步认识建筑装饰设计的功能与形式的关系。

（5）进一步训练图面排版与构图技巧。

（6）学习查阅资料，对各种装饰设计风格有初步的了解，初步体会设计者的设计理念与设计作品之间的内在联系。

（7）初步掌握如何评析设计作品的优劣。

（8）强化训练徒手钢笔草图绘制的技能。

1.2　教学程序

本设计任务分以下三个阶段进行。

1.2.1　前期准备阶段　共2周

通过教师讲解第2章建筑装饰发展史简介；第3章装饰设计的符号与主题风格；第6章室内空间设计等为赏析设计奠定理论基础。通过教师剖析有关不同建筑装饰风格的经典案例，讲解任务要求，使学生对剖析的建筑装饰设计作品有比较清晰的了解。由学生自行确定合作团队（每组3~4人）和剖析对象，用一周时间进行案例分析与资料整理，主要目的是训练学生在短时间内明确任务要求和从专业的不同角度对所选案例进行总体分析的能力。在此期间通过老师的辅导，训练学生掌握从图书资料学习建筑装饰设计资料的收集整理归类这一基本工作方法，培养团队合作和分工协作完成任务的能力。案例收集到位后进行组内讲评，学习如何分析和评价案例，通过交流拓展分析思路，并训练学生的口头表达能力。

1.2.2　正草图绘制阶段　共1周

经过收集资料和老师讲评，学生对本课题的任务要求及操作方法有了初步理解，对建筑装饰设计案例的特点进行深入的分析。在此基础上继续完善和拓展分析角度，理解建筑室内空间设计的方法及其构成形式，设计风格与设计表现手法，剖析建筑界面的设计及其技术运用。在老师的指导下将分析成果转化为专业设计语言（平、立、剖各分析图），每位学生必须完成相应成果。在此期间鼓励学生采用手绘效果图表达。

本阶段着重解决以下问题：

（1）体验建筑空间设计的方法。

（2）探索装饰设计的符号与主题设计风格的表达。

（3）学会并掌握收集、整理建筑装饰设计资料，学习为今后的设计课程准备素材。

（4）继续训练小组合作的工作方法。

1.2.3　正图绘制阶段　共 1 周

（1）改进和完善正草图，进入正图绘制工作，着重指导学生运用钢笔尺规进行专业设计表达和版式设计。

（2）按照任务书成果深度要求完成。

1.3　成果要求

（1）采用 A1 图幅工具钢笔线条表达，要求平、立、剖面图一致，图例正确、注明比例，字迹端正、大小合适，图面整洁，图样表达设计美观。

（2）简要分析出作品的功能分区、空间构成等成果绘制成 A1 版面。

（3）设计案例的表达可以采用照片的形式，但鼓励学生采用手绘效果图的表达方式。

第 2 部分　教学任务书

2.1　教学目的

对各种建筑装饰风格有初步的了解，体会设计理念与设计作品之间内在联系；初步认识建筑装饰设计的功能与形式的关系；初步认识建筑空间，深化对建筑各构成要素的认识，初步认识设计符号与形式、文化的关系；进一步强化训练徒手钢笔草图绘制的技能；初步掌握图面构成与排版技巧。

2.2　教学任务要求

（1）课程作业的选择案例可以为当今有名设计大师的经典设计作品或者建筑装饰设计史上经典的作品，作品收集要求必须有详尽的图文资料，包括：设计师及设计背景资料，平面图、立面图、文字说明、照片图片资料等，以便读懂每份建筑装饰设计作品。

（2）采用 A1 图幅，运用专业图式对选定作品进行功能、环境、空间构成分析。

（3）采用 A1 图幅，运用专业图解方法对设计符号与设计风格形式、设计理念在设计中的具体表现进行分析。

（4）小组合作限于 3～4 人。

（5）作业成果：赏析设计作品图纸（个人完成）。

2.3 学时进度

本任务为期4周（课内共24学时、课外共24学时）。分以下三个阶段进行：

阶 段	周 次	内 容	课 时	要 求
前期准备阶段（2周）	1	讲课（教材第2章、第3章教师剖析有关不同建筑装饰风格的经典案例）	6	绘制所选经典案例的平、立、剖面图及分析图（1:100），比例根据案例的规模可调整
	2	课程任务布置、资料收集	6	
正草图绘制阶段（1周）	3	专教辅导	6	铅笔尺规绘制一套完整建筑装饰设计经典案例的平面图、立面图、设计分析图、透视图
正图绘制阶段（1周）	4	专教辅导成果评析	6	调整完善正草图，钢笔尺规绘制一套完整建筑装饰设计经典案例的平面图、立面图、设计分析图、透视图

注：图纸规格统一为A1，不得放大或缩小。

2.4 参考书目

(1)《建筑初步》（作者田学哲）。

(2)《天津大学大学生建筑设计竞赛作品选集》（作者天津大学建筑学系）。

(3)《图解思考：建筑表现技法》（作者保罗·拉索）。

(4)国外著名建筑师丛书——《莱特》《柯布西耶》《密斯·凡·德·罗》《安藤忠雄》等。

(5)《室内方案经典》（第6卷，编者北京吉点博图文化传播有限公司）。

(6)《建筑设计与流派》（作者郑东军、黄华）。

(7)《室内设计经典集》（作者张绮曼）。

(8)《室内设计师专业实践手册》（作者郑成标）。

2.5 工具材料

绘图材料/工具：草图纸、绘图纸、铅笔（B、HB、H）、三角板、丁字尺或直线尺、圆规、比例尺、橡皮、擦图片、绘图板、马克笔（可以根据所选择表现手法准备其他工具，如水彩、彩色铅笔等）。

2.6　设计赏析选择题目推荐（学生根据自身情况自选其他案例）

案例一：流水别墅，美国（1935 年）

案例二：美国国家美术馆东馆，美国（1978 年）

案例三：光的教堂，日本（1987 ~ 1989 年）

2.7　成果绘制

将所完成的草图及资料收集齐全，按任务要求绘制正图。

1）作业成果：赏析设计作品图样（个人完成），用 A1 图幅工具钢笔线条表达，要求平、立、剖面图一致，图例正确、注明比例，字迹端正、大小合适，图面整洁，图样表达设计美观。

2）运用专业图解方法对设计符号与设计风格形式、设计理念在设计中的具体表现进行分析；简要分析出作品的功能分区、空间构成，运用专业图式对选定作品进行功能、环境、空间构成分析等成果绘制成 A1 版面。

3）根据高职学生的基础设计案例的表达要求，可以采用照片的形式，但鼓励学生采用手绘效果图的表达方式。

课程任务书（三）：解析设计之设计艺术部分

第1部分 教学指导书

1.1 教学目的

通过对平面构成知识的学习，了解构成的基本概念，认识形态构成与建筑装饰设计的关系；能运用形态构成的基本知识，培养对形的敏感性、归纳性和创造性，从形式美法则的角度解析设计案例，培养对设计的鉴赏能力，为设计做准备；了解构成中局部与整体、局部与局部之间存在的结构关系；训练从形态构成的角度按照形式美的原则进行建筑装饰设计；训练图面排版与构图技巧。

通过对立体构成知识的学习，了解空间构成的概念，学习在三维的空间里通过对点、线、面等限定元素将给定的空间进行分隔、围合；能灵活运用从平面构成、立体构成作业中学到的构成知识，并掌握空间限定的基本手法（分割、围合、抬起、下沉、顶盖、设立等）；认识局部空间与整体空间、局部空间与局部空间之间存在的多种关系（包含、穿插、邻接、间接、主次、对位等），为设计做准备。

1.2 教学程序

本设计任务分以下四个阶段进行。

1.2.1 前期准备阶段 共1周

教师讲解教材的第4章装饰设计与形态构成后，学生初步掌握运用形态构成的基本知识解析设计，通过教师剖析有关不同的建筑装饰设计案例，讲解本次课程作业任务要求，使学生对解析的建筑装饰设计作品有比较清晰的了解。由学生自行确定解析的对象，案例收集到位后，组织学生以4~6人为一个小组，进行组内讲评，学习如何从形态构成的角度分析和评价案例，通过交流拓展分析思路。

1.2.2 正草图绘制阶段 共1周

经过收集资料以及老师组内讲评，学生对本课题的任务要求及操作方法有了初步理解。在此基础上继续完善和拓展分析角度，理解建筑室内空间的设计方法与构成形式的关系。在老师的指导下分析成果，找出需要解析的设计案例中形态构成的基本单元与要素，并指出在设计中运用的具体的形态构成的设计法则，并用专业设计的图解的方法表达出来。每位学生必须完成相应成果，要求鼓励学生采用手绘图示表达。

1.2.3 正图绘制阶段 共2周

（1）改进和完善正草图，进入正图绘制工作，着重指导学生进行专业设计表达和版式设计。

（2）按照任务书规定的成果深度要求完成作业。

1.3　成果要求（个人完成）

（1）采用 A1 图幅工具钢笔线条表达，学生根据自身基础可以采用徒手表达，图面的色彩表现部分技法不限。

（2）图例正确，字迹端正、大小合适，图面整洁、美观。

（3）设计案例的表达可以采用照片的形式，但鼓励学生采用手绘效果图的表达方式。

第 2 部分　教学任务书

2.1　教学目的

（1）通过对本次课程设计，全面深入了解形态构成要素（点线面、体块、空间、色彩、肌理）的概念、特征，可以全面地把握各种要素之间的关系和组合方式，认识形态构成与建筑装饰设计的关系。

（2）学习在三维的空间里通过对点、线、面等限定元素将给定的空间界面进行分隔、围合；运用学到的构成知识，并掌握空间限定的基本手法如分割、围合、抬高、下沉等。

（3）认识局部空间与整体空间、局部空间与局部空间之间存在的多种关系，掌握造型规律，开拓设计思维，锻炼对造型的感受能力，直观判断能力。

（4）通过对作品的解析，认识构成手法在装饰设计中的运用，储存设计形态，提高艺术修养、艺术鉴赏能力，从而为课程下一步的小型室内空间设计作良好铺垫。

（5）结合草图构思，学生学习运用构成手法进行初步设计，鼓励原创性设计。

2.2　教学任务要求

（1）图一。选择一个具体的建筑装饰设计案例，对其构成形式进行提炼和分析，体会和表达构成方法在建筑装饰设计中的运用，运用专业图示的方法表达出来。但注意避免生搬硬套、牵强附会。

（2）图二。运用与图一中的形态构成手法，设计长 6m、层高 2.85m 的室内空间界面，要求体现形式美的原则，同时注意多方案的比较。

2.3　学时进度

本任务为期 4 周（课内共 24 学时、课外共 24 学时）。分以下四个阶段进行：

阶　　段	周　次	内　　容	课　时	要　　求
前期准备阶段（1周）	1	讲课（教材第四章教师从形态构成的角度不同建筑装饰风格的经典案例）	4	初步掌握解析设计的基础理论 对解析建筑装饰设计作品有比较清晰的了解 选择经典案例
		课程任务布置、资料收集	2	
正草图绘制阶段（1周）	2	专教辅导	6	对建筑装饰设计案例中构成形式进行提炼和草图分析
正图一绘制阶段（1周）	3	专教辅导	6	调整完善正草，体会和表达构成方法在建筑装饰设计中的运用，运用专业图示的方法表达出来
正图二绘制阶段（1周）	4	专教辅导成果评析	6	运用形式美的原则设计，钢笔徒手表现完整建筑装饰设计与分析图

注：图纸规格统一为A1，不得放大或缩小。

2.4　参考书目

（1）《建筑初步》（作者田学哲）。
（2）《形态构成解析》（作者田学哲）。
（3）《三维设计基础》（作者王雪青）。
（4）《建筑形态构成基础》（作者朱建民）。
（5）《设计基础》（作者日本山口，译者辛华泉）。

2.5　工具材料

绘图材料/工具：草图纸、绘图纸、铅笔（B、HB、H）、三角板、丁字尺或直线尺、圆规、比例尺、橡皮、擦图片、绘图板、马克笔（可以根据所选择表现手法准备其他工具如水彩、彩色铅笔等）。

2.6　成果绘制

将所完成的草图及资料收集齐全，按任务要求绘制正图。
（1）作业成果：设计作品图样（个人完成），用A1图幅钢笔徒手线条表达，要求线条流畅、富于表现力，图例正确、注明比例，字迹端正、大小合适，图面整洁，图样版式设计美观。
（2）运用专业图解方法对构成手法、设计理念在设计中的具体运用进行分析。
（3）根据高职学生的基础，选择解析的设计案例的表达可以采用照片的形式，但鼓励学生采用手绘效果图的表达方式。

课程任务书（四）：解析设计之调研部分

第1部分　教学指导书

1.1　教学目的

（1）了解认识装饰设计艺术性与技术性双重性的特点。

（2）了解影响室内环境质量的多重因素。

（3）了解"绿色设计"与室内空气污染问题。

1.2　教学程序

本设计任务分以下三个阶段进行。

1.2.1　调研准备阶段　共1周

（1）确定调研目标。教师讲解教材的第7章室内环境评价后，学生初步掌握室内环境评价的基础理论，组织学生以6~8人为一个小组，讲解调研的具体要求与安排，在社会调研中学习了解建筑装饰设计的艺术性与技术性双重性的特点，室内环境评价的标准，"绿色设计"的概念与室内的空气污染问题。

（2）初步情况分析。利用网络资源了解当今建筑装饰行业的情况，初步了解当地建筑装饰行业的情况，进行分析。

（3）制定调研计划。根据当地的建筑装饰行业的具体情况制定调研计划，一般情况下可以对五个方面具体的对象制定调研计划，如建筑装饰材料制作加工方与材料供应方、建筑装饰企业、建筑装饰施工现场、建筑装饰空间的使用者等。

1.2.2　正式调研阶段　共1周

调研资料收集的过程以小组的形式进行，每组6~8人，调研工作的具体开展可以从如下5个方面展开：

（1）确定资料来源。

（2）确定资料收集方法。

（3）调查表及调查问卷设计。

（4）抽样调查。

（5）现场实地调研。

1.2.3　成果阶段　共1周

（1）资料整理分析，包括文字资料、图片资料、表格数据等分类进行整理。

（2）编写调研报告。

1.3　成果要求（个人完成）

学生在完成市场调研工作后须编制市场调研报告一份。要求文字 5000～10000 字，并要求配有相关图片说明，调研经过记录，调研结论。调研报告分组装订成册。

第2部分　教学任务书

2.1　教学目的

在初步具有了室内环境评价的基础理论之后，通过开展市场调研工作，增强专业的感性认识；了解认识装饰设计艺术性与技术性双重性的特点，影响室内环境质量的多重因素；了解"绿色设计"与室内空气污染问题。学习掌握调研报告的写作方法。

2.2　教学任务要求

（1）调研建筑装饰行业中"绿色设计"的概念与环保设计、室内空气污染等方面的问题。调研对象必须包括当地的建筑装饰材料供应方、建筑装饰企业、建筑装饰施工现场、建筑装饰空间的使用对象。

（2）采用 A4 的文本，编写调研报告。

（3）采用小组合作的模式进行，每组人数限于 6～8 人。

2.3　学时进度

本任务为期 3 周（课内共 12 学时、课外共 12 学时）。分以下三个阶段进行：

阶　段	周　次	内　容	课　时	要　求
调研准备阶段（1周）	1	讲课（教材的第7章室内环境评价）	4	初步掌握评价设计的基础理论；明确调研任务、确定调研目标、制定调研计划
		调研任务布置	2	
正式调研阶段（课外1周）	2	专教辅导	12	以小组为单位具体开展调研工作，完成资料收集
成果阶段（1周）	3	专教辅导成果评析	6	资料整理、编写调研报告

2.4　市场调研参考方法

1. 调研方法

（1）全面调查法。

（2）重点调查法。

（3）抽样调查法。

2. 资料收集方法

（1）二手资料的收集方法：查询、交换、购买、索取、委托情报网收集等。

（2）原始资料的收集方法：

1）访问法：①面谈调查；②邮寄调查；③留置调查；④电话调查。

2）观察法：①直接观察法；②间接调查法。

3）实验法。

2.5　工具材料

速写本、钢笔、铅笔、数字照相机等。

2.6　成果要求

学生在完成市场调研工作后编制市场调研报告一份。报告规格 A4 文本，封面学生自行设计，文字字数 5000 ~ 10000 字（不含图片部分），文字部分采用 WORD 格式，排版工整、美观；以小组为单位统一刻制光盘。

课程任务书（五）：初步设计

第1部分　教学指导书

1.1　教学目的

（1）该课程练习是《建筑装饰设计基础》的课程教学的总结，使学生能够学以致用，综合运用所学的设计知识、设计表达技法进行设计，并适应小组合作讨论的学习方式。

（2）激发学生的设计思维，掌握室内装饰设计的基本原理和设计程序。

（3）系统了解建筑装饰设计的一般过程，初步掌握建筑装饰设计的基本方法。

（4）了解建筑装饰设计表达的基本内容与表现的种类，能针对不同设计阶段选用恰当的表现手段。

1.2　教学程序

本设计任务分以下三个阶段进行。

1.2.1　前期准备阶段　共1周

通过教师讲解完教材的第5章装饰设计方法入门，第9章建筑装饰设计与表达等章节后，学生对于装饰设计的方法与表达建立初步认识。讲解本阶段任务要求，由学生自行组合团队（每组6~8人），用一周时间进行有关建筑小型空间设计案例收集与分析，为课题设计做准备。

1.2.2　草图设计阶段　共1周

通过教师讲授有关的设计原理与方法，并分析若干优秀范例，使学生对该设计有比较形象的了解。随后学生从草图设计入手，注意培养学生在设计时抓住主要矛盾，忽略次要矛盾和细节来进行总体构思的能力，训练学生掌握从图书资料学习建筑装饰设计这一基本工作方法，培养独立完成方案构思的能力。草图完成后进行组内讲评，学习如何分析和评价设计方案，通过方案交流开拓思路，并训练学生的口头表达能力。经过草图设计及讲评，学生对本课题的设计原理及设计方法有了初步体验，对本人所做方案的优缺点也有所了解。如果基本构思较好，可在此基础上继续丰富和完善方案的构思，深入方案设计，满足各项功能，确定空间形式及设计风格，推敲立面造型。如果设计的基本构思不理想，问题较多，应另行构思，再深入方案设计。

草图阶段统一采用A3图幅徒手按比例绘制，加彩色铅笔或马克笔表现，并徒手绘制透视草图。

1.2.3　成果绘制阶段　共1周

（1）改进和完善分析草图，进入正图绘制工作，着重指导学生运用钢笔尺规进行建筑装饰设计表达和图样的版式设计。

（2）按照任务书要求的成果深度完成。

1.3　成果要求（以组为单位，个人完成）

（1）平面图（1:100；1:50）、立面图（1:50；1:25）、家具设计图（1:20；1:10）、空间设计分析图，A1 幅钢笔工具线条徒手表达。其中设计说明部分，文字在 200 左右，内容要概括；字体书写应用仿宋字体，版式设计学生可以自行设计。

（2）透视图，表现技法不限，原则上要用马克笔或彩色铅笔上色，平立面也可以上色，但颜色种类不要过多。

第 2 部分　教学任务书

2.1　教学目的

该设计课题对于初学设计的学生来说，相对熟悉比较简单，可塑性也大，有一定的发挥度。通过设计使学生能了解并掌握以下几点：

（1）对室内空间有一定的感知能力，训练学生的空间设计、组合能力。

（2）培养构思能力，并初步学会如何表达室内设计构思立意。

（3）了解人体工程学，掌握人的行为心理，以及由此产生的对空间的各项要求。

（4）初步了解设计的过程以及设计成果的表达。

2.2　教学任务要求

1. 设计任务：我的空间设计（平面见附图，教师可以根据学生情况自行提供平面图）——**设计师小型的工作室设计**

本案例将老库房改造为室内设计师个人工作室。设计中须满足管理办公室（3 人位）、设计室（6~8 位）、资料室、卫生间。基本尺寸：柱 450mm×450mm，柱间尺寸 4800mm，一层建筑净高 4000mm。

2. 设计要求

（1）解决好总体的空间布局，功能合理符合要求，综合考虑空间的利用率。

（2）应对空间进行整体构思，做到构思新颖，应注重其室内空间设计，创造与工作室相适应的室内环境气氛。

（3）色彩搭配合理，材料运用得当。

（4）尺寸合理，符合人体工程学要求。

（5）设计风格整体统一。

3. 图样内容及要求

图样内容：

平面图：1:50（包括室内家具及陈设布置、地面铺装设计）

顶棚图：1:50（包括空间照明设计）

立面图：1:50（可结合图样表现另选择图样比例）

主要家具设计图：1:20

室内设计效果图：室内主要部位透视效果图一张（表现手法不限，要求上色）；外立面入口处透视一张（表现手法不限）。

简单设计说明（200字左右）。A1图幅出图（594mm×841mm），要求有版式设计，可不画图框。

图线线型变化运用合理；文字与数字书写工整。版式设计美观，采用制图工具作图，符合国家建筑装饰设计制图标准，彩色渲染透视图表现手法不限。

2.3 学时进度

课内2周12学时 + 专用1周28学时，课外16学时。分以下三个阶段进行：

阶　段	周　次	内　容	课　时	要　求
前期准备阶段（1周）	1	讲课	6	第5章 建筑装饰设计方法入门 第9章 建筑装饰设计与表达
		设计准备	6 （课外）	布置任务书，分析任务书及设计条件 课后收集有关资料，并做调研
草图设计阶段（1周）	2	专教辅导	6 （课内） 10 （课外）	铅笔（钢笔）徒手绘制一套完整室内设计草图。图内容：①草图手绘制1:100的平面图、功能分析图。②草图阶段确定发展方案，针对方案存在的主要问题进行调整。在草图后推敲完善，进一步细化方案并进行方案的细部设计，完成草图构思后进行工具草图绘制，完成透视（分析）图（包括室内透视）。本阶段图样内容与正式表现图一致
绘制正图（1周）	3	专教辅导成果评析	（1个专用周） 28	调整完善正草图，铅笔（钢笔）尺规绘制一套完整建筑装饰设计图

注：图纸规格统一为A1，不得放大或缩小。

2.4 参考书目

（1）《建筑初步》（作者田学哲）。

（2）房屋建筑制图统一标准（GB/T 50001—2010）。

（3）建筑制图标准（GB/T 50104—2010）。

（4）全国室内设计师资格考试试卷精选（作者中国室内装饰协会）。

（5）《室内设计资料集》（作者张绮曼、郑曙旸）。

（6）《室内设计师专业实践手册》（作者郑成标）。

2.5 工具材料

绘图材料/工具：草图纸、绘图纸、铅笔（B、HB、H）、绘图笔、三角板、丁字尺或直线尺、圆规、比例尺、橡皮、擦图片、绘图模板、图板、马克笔（可以根据所选择表现手法准备其他工具如水彩、彩色铅笔）等。

2.6　成果绘制

1）设计工作室平面图（1:100；1:50）、立面图（1:50；1:25）、家具设计图（1:20；1:10）、空间设计分析图，A1 幅钢笔工具线条徒手表达。制图规范，各种制图符号使用正确。其中设计说明部分，文字在 200 左右，内容要概括；字体书写应用仿宋字体，学生可以自行设计图样版式（图 10-1）。

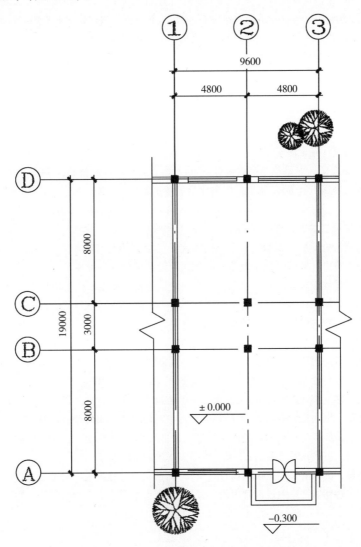

图 10-1　一层建筑平面图

2）透视图，表现技法不限，原则上要用马克笔或彩色铅笔上色，平、立面图也可以上色，但颜色种类不宜过多，透视图构图合理，透视正确，能客观地反映设计工作室空间气氛。

参 考 文 献

[1] 田学哲. 建筑初步 [M]. 2版. 北京：中国建筑工业出版社, 1999.

[2] 朱淳. 室内设计基础 [M]. 上海：上海人民美术出版社, 2006.

[3] 鲍桂兰. 室内装饰设计 [M]. 北京：中国劳动社会保障出版社, 2005.

[4] 屈德印, 等. 环境艺术设计基础 [M]. 北京：中国建筑工业出版社, 2006.

[5] 曹瑞林. 室内设计基础 [M]. 郑州：河南科学技术出版社, 2007.

[6] 陈飞虎. 建筑色彩学 [M]. 北京：中国建筑工业出版社, 2007.

[7] 来增祥, 陆震纬. 室内设计原理 [M]. 北京：中国建筑工业出版社, 1996.

[8] 贾森. 室内设计方案创意与快速手绘表达突破 [M]. 北京：中国建筑工业出版社, 2006.

[9] 李春郁. 环境艺术设计手绘表现技法 [M]. 北京：中国水利水电出版社, 2007.

[10] 黄一真. 现代办公风水 [M]. 香港：文光出版社（香港）有限公司, 2005.

[11] 黄一真. 现代住宅风水 [M]. 西安：陕西旅游出版社, 2005.

[12] 董万里, 许亮. 环境艺术设计原理（下）[M]. 重庆：重庆大学出版社, 2003.

[13] 郑成标. 室内设计师专业实践手册 [M]. 北京：中国计划出版社, 2005.

[14] 张绮曼. 室内设计经典集 [M]. 北京：中国建筑工业出版社, 1994.

[15] 武峰. CAD室内设计施工图常用图块——金牌家装实例5 [M]. 北京：中国建筑工业出版社, 2004.

[16] 郑孝东. 设计先锋03——手绘与室内设计 [M]. 海口：南海出版公司, 2004.

[17] 张新荣. 建筑装饰简史 [M]. 北京：中国建筑工业出版社, 2000.

[18] 霍维国. 中国室内设计史 [M]. 2版. 北京：中国建筑工业出版社, 2007.

[19] 陈文捷. 世界建筑艺术史 [M]. 长沙：湖南美术出版社, 2004.

[20] 潘谷西. 中国建筑史 [M]. 5版. 北京：中国建筑工业出版社, 2004.

[21] 陈志华. 外国建筑史 [M]. 3版. 北京：中国建筑工业出版社, 2004.

[22] 罗小未. 外国近现代建筑史 [M]. 2版. 北京：中国建筑工业出版社, 2004.

[23] 张绮曼. 室内设计的风格样式与流派 [M]. 北京：中国建筑工业出版社, 2003.

[24] 陆震纬, 来增祥. 室内设计原理 [M]. 2版. 北京：中国建筑工业出版社, 2004.

[25] 张宪荣. 设计符号学 [M]. 北京：化学工业出版社, 2004.

[26] 王书万. 设计符号应用解析 [M]. 北京：机械工业出版社, 2007.

[27] 刘旭. 图解室内设计思维 [M]. 北京：中国建筑工业出版社, 2007.

[28] 王帆叶, 曹文. 建筑装饰设计 [M]. 北京：中国建筑工业出版社, 1998.

[29] 张绮曼, 郑曙旸. 室内设计资料集 [M]. 北京：中国建筑工业出版社, 1991.

[30] 邵隆, 李桂文, 朱逊. 室内空间环境设计原理 [M]. 北京：中国建筑工业出版社, 2004.

[31] 林钰源, 汪晓曙. 室内设计 [M]. 广州：岭南美术出版社, 2005.

[32] 马怡红, 张剑敏, 陈保胜. 建筑装饰设计 [M]. 北京：中国建筑工业出版社, 1995.

[33] 高祥生, 韩巍, 过伟敏. 室内设计师手册 [M]. 北京：中国建筑工业出版社, 2001.

教材使用调查问卷

尊敬的教师：

您好！欢迎您使用机械工业出版社出版的教材，为了进一步提高我社教材的出版质量，更好地为我国教育发展服务，欢迎您对我社的教材多提宝贵的意见和建议。敬请您留下您的联系方式，我们将向您提供周到的服务，向您赠阅我们最新出版的教学用书、电子教案及相关图书资料。

本调查问卷复印有效，请您通过以下方式返回：

邮寄：北京市西城区百万庄大街 22 号机械工业出版社建筑分社（100037）

　　张荣荣　　（收）

传真：010- 68994437（张荣荣收）　　　　E-mail：54829403@ qq. com

一、基本信息

姓名：＿＿＿＿＿＿＿职称：＿＿＿＿＿＿＿＿＿职务：＿＿＿＿＿＿＿＿＿＿＿

所在单位：＿＿＿＿＿＿＿＿＿＿＿＿＿＿＿＿＿＿＿＿＿＿＿＿＿＿＿＿＿＿＿＿

任教课程：＿＿＿＿＿＿＿＿＿＿＿＿＿＿＿＿＿＿＿＿＿＿＿＿＿＿＿＿＿＿＿＿

邮编：＿＿＿＿＿＿＿＿＿地址：＿＿＿＿＿＿＿＿＿＿＿＿＿＿＿＿＿＿＿＿＿

电话：＿＿＿＿＿＿＿＿＿电子邮件：＿＿＿＿＿＿＿＿＿＿＿＿＿＿＿＿＿＿＿

二、关于教材

1. 贵校开设土建类哪些专业？

□建筑工程技术　　　　□建筑装饰工程技术　　　　□工程监理　　　　□工程造价

□房地产经营与估价　　□物业管理　　　　　　　　□市政工程　　　　□园林景观

2. 您使用的教学手段：　□传统板书　　□多媒体教学　　□网络教学

3. 您认为还应开发哪些教材或教辅用书？＿＿＿＿＿＿＿＿＿＿＿＿＿＿＿＿＿＿＿＿

4. 您是否愿意参与教材编写？希望参与哪些教材的编写？

课程名称：＿＿＿＿＿＿＿＿＿＿＿＿＿＿＿＿＿＿＿＿＿＿＿＿＿＿＿＿＿＿＿

形式：　　□纸质教材　　□实训教材（习题集）　　　□多媒体课件

5. 您选用教材比较看重以下哪些内容？

□作者背景　　□教材内容及形式　　□有案例教学　　□配有多媒体课件

□其他

三、您对本书的意见和建议（欢迎您指出本书的疏误之处）＿＿＿＿＿＿＿＿＿＿＿＿

＿＿＿＿＿＿＿＿＿＿＿＿＿＿＿＿＿＿＿＿＿＿＿＿＿＿＿＿＿＿＿＿＿＿＿＿＿＿＿

＿＿＿＿＿＿＿＿＿＿＿＿＿＿＿＿＿＿＿＿＿＿＿＿＿＿＿＿＿＿＿＿＿＿＿＿＿＿＿

四、您对我们的其他意见和建议＿＿＿＿＿＿＿＿＿＿＿＿＿＿＿＿＿＿＿＿＿＿＿＿

＿＿＿＿＿＿＿＿＿＿＿＿＿＿＿＿＿＿＿＿＿＿＿＿＿＿＿＿＿＿＿＿＿＿＿＿＿＿＿

＿＿＿＿＿＿＿＿＿＿＿＿＿＿＿＿＿＿＿＿＿＿＿＿＿＿＿＿＿＿＿＿＿＿＿＿＿＿＿

请与我们联系：

100037　北京百万庄大街 22 号

机械工业出版社·建筑分社　张荣荣　收

Tel：010-88379777（O），6899 4437（Fax）

E-mail：r. r. 00@ 163. com

http：//www. cmpedu. com（机械工业出版社·教材服务网）

http：//www. cmpbook. com（机械工业出版社·门户网）

http：//www. golden-book. com（中国科技金书网·机械工业出版社旗下网站）